2023年六盘水师范学院城乡规划学科团队（LPSSY2023XKPYTD01）

六盘水师范学院学术出版资助（2024）

重矿渣集料透水混凝土关键性能与平面孔结构研究

马腾飞◎著

U0325594

电子科技大学出版社

University of Electronic Science and Technology of China Press

·成都·

图书在版编目（CIP）数据

重矿渣集料透水混凝土关键性能与平面孔结构研究 /

马腾飞著 . -- 成都 : 成都电子科大出版社，2024. 10.

ISBN 978-7-5770-1195-0

Ⅰ . TU528

中国国家版本馆 CIP 数据核字第 20244B5A99 号

重矿渣集料透水混凝土关键性能与平面孔结构研究
ZHONGKUANGZHA JILIAO TOUSHUI HUNNINGTU GUANJIAN
XINGNENG YU PINGMIAN KONG JIEGOU YANJIU

马腾飞　著

策划编辑　　李述娜
责任编辑　　李述娜
责任校对　　刘　愚
责任印制　　梁　硕

出版发行　　电子科技大学出版社
　　　　　　成都市一环路东一段159号电子信息产业大厦九楼　邮编　610051
主　　页　　www.uestcp.com.cn
服务电话　　028-83203399
邮购电话　　028-83201495

印　　刷　　石家庄汇展印刷有限公司
成品尺寸　　170mm×240mm
印　　张　　14
字　　数　　236千字
版　　次　　2024年10月第1版
印　　次　　2024年10月第1次印刷
书　　号　　ISBN 978-7-5770-1195-0
定　　价　　88.00元

前　言

随着经济的快速发展，清洁、环保的建筑材料变得越来越重要，并掀起了一股研究热潮。现代建筑材料的设计越来越重视环保和资源再利用，优秀建筑材料的标准不再仅仅是实用的，还必须具备一定的环保价值。当今社会，人们对绿色建筑和环保材料的需求逐渐提高，材料技术的发展有利于提高人们的环保意识，从而提高我国的综合竞争力。重矿渣是一种工业副产品，它的再利用不仅有助于资源的可持续利用，还能减少环境污染。本书基于重矿渣集料透水混凝土关键性能和平面孔结构展开研究，以期为建筑专业领域的发展与建设做出贡献。

本书共分为 9 章。第 1 章为绪论，分析了我国重矿渣固体废弃物利用的现状、重矿渣集料透水混凝土的内涵及研究进展；第 2 章介绍了重矿渣集料透水混凝土的设计与制备；第 3 章、第 4 章、第 5 章分别探讨了水灰比、级配、砂率对重矿渣集料透水混凝土性能的影响；第 6 章和第 7 章结合相关试验，分析了不同矿物掺和料和纤维对重矿渣集料透水混凝土性能的影响；第 8 章借助数值图像相关技术，分析了多因素影响下重矿渣集料透水混凝土的平面孔隙特征；第 9 章分析了重矿渣集料透水混凝土的经济性，重点分析了它的直接经济效益、节能效益和社会效益。

本书内容密切关注建筑专业学科的前沿动态，将最新的理论研究成果与实际案例相结合，使读者能够清晰地了解当前重矿渣集料透水混凝土开发的前沿动态。本书内容在结构上进行了精心的设计，既有理论的阐述，又有试验和案例分析，使读者在阅读过程中能够循序渐进，系统地掌握重矿渣透水混凝土的知识。

本书可供从事透水混凝土研发、设计、生产和应用等领域的人员使用，同时可作为各类院校相关专业师生的参考书，是一部兼具理论深度和实践价值的学术著作，具有较高的参考价值。

在这本书的撰写过程中，笔者要感谢贵州瑞泰实业有限公司对试验材料及设备的支持，感谢六盘水师范学院李涛、袁杰教授提出的宝贵建议。由于笔者水平有限，书中难免存在疏漏，恳请广大读者批评指正。

目　　录

第1章 绪 论

水是生命之源,是包括人类在内的所有生命体赖以生存的重要物质。水在提供生命生存所必需的条件时,也给人类带来了许多挑战。从古至今,人类从未停止过解决与水相关的问题。在土木工程领域,合理管理水资源成为关键,水少了需要补充,水多了需要排除。近年来,中国的城镇化发展迅速,混凝土建筑和不透水的道路铺装覆盖了大部分的城市地面,带来了"城市病"的困扰。钢筋混凝土和不透水的道路铺装使城市地表的吸热率增大、比热容减小,导致了城市热岛效应的加剧。此外,不透水的路面缺乏透水性和透气性,容易积水,使地表水渗透减少,地下水位持续下降。城市内涝、大气污染、高温等问题也时有发生,影响了居民生活和城市环境。

透水混凝土作为一种新型环保材料,在城市可持续发展中发挥着越来越重要的作用。透水混凝土不仅能有效治理城市积水,改善地表水循环,还能通过减少地表径流,增加地下水的补给量,缓解城市水资源短缺问题。透水混凝土的透水性和透气性有助于降低城市热岛效应,改善城市小气候。透水混凝土还能吸附空气中的悬浮颗粒物,净化空气。

自 2013 年 12 月习近平总书记在中央城镇化工作会议上指出"要建设自然积存、自然渗透、自然净化的'海绵城市'"以来,海绵城市建设在全国范围内逐步推进。2014 年,中华人民共和国住房和城乡建设部发布《海绵城市建设技术指南——低影响开发雨水系统构建(试行)》,强调通过生态化手段,使城市像海绵一样具有良好的"弹性"和"韧性",能够适应环境变化,应对自然灾害。透水混凝土作为海绵城市建设的重要组成部分，其应用逐渐广泛。

用重矿渣替代天然集料制备重矿渣集料透水混凝土，不仅可以解决重矿渣堆积导致的环境污染问题，还可以实现重矿渣的再生和资源化，产生显著的经济、环境和社会效益。重矿渣作为一种工业副产品，它的再利用不仅有助于减少环境污染，还能节约资源，降低工程成本。这种资源再利用模式符合可持续发展的战略目标，具有重要的现实意义。

我国对重矿渣的利用研究已有较为完整的理论体系。重矿渣的回收利用不仅解决了原材料短缺的问题，还为建筑工程节省了成本，取得了良好的环境效益和经济效益。尽管如此，重矿渣的利用在实际生产和市场开发中仍存在一些问题。例如，不同企业产生的重矿渣的物理性能差异较大，制作出的透水砖的透水性能参差不齐，抗压强度普遍偏低，使用过程中易发生折裂，无法保证透水砖的耐久性。

六盘水地区作为一个重要的能源基地，其煤炭、电力、冶金、建材均为重要的支柱产业，每年在钢铁冶炼过程中会产生大量的高炉矿渣等大宗钢铁行业固废，但重矿渣却难以被大规模利用。据调查，某钢铁企业每年产生的高炉矿渣约为 100 万吨，然而其高炉矿渣综合利用率却不足 70%。这些问题的存在进一步反映了利用重矿渣制备透水混凝土的必要性和紧迫性。通过创新研究和实际应用，研究人员可以有效解决当前重矿渣利用中的问题，实现资源的高效利用和环境的可持续发展。

重矿渣的物理特性（如较大的比表面积和粗糙的表面）使其具有了作为透水混凝土材料的显著优势。采用合理的设计和制备工艺制备出的性能优良的重矿渣透水混凝土，不仅在透水性、强度和耐久性方面表现突出，还显著降低建筑材料成本，产生可观的经济效益和环境效益。

在透水混凝土的设计与制备方面，合理选择和利用重矿渣集料是提高透水混凝土性能的关键。选择适宜的矿渣粒径和级配，设计合适的水灰比和砂率，改进搅拌、成型和养护工艺，可以有效提高透水混凝土的透水性、强度和耐久性。研究表明，矿渣的再利用不仅可以有效解决工业废渣堆积带来的环境污染问题，还可以显著降低建筑材料的成本，实现资源的循环利用和可持续发展。

重矿渣集料透水混凝土的孔隙结构特征是决定其性能的重要因素。合理的孔隙结构不仅可以提高透水混凝土的透水性，还可以提高其力学性能和耐久性。研究人员通过对不同影响因素进行系统分析，可以揭示孔隙结构的形成机理和变化规律，为优化设计提供理论支持。研究表明，透水混凝土的孔隙结构与其配合比设计、矿渣集料的选择、成型工艺等密切相关，优化这些因素可以显著改善透水混凝土的性能。

1.1　我国重矿渣固体废弃物利用的现状

在过去几十年中，我国经历了快速的工业化和城市化进程，这一过程极大地推动了经济增长和社会进步。然而，工业的发展也带来了大量工业固体废弃物，重矿渣便是其中之一。重矿渣是高炉炼铁过程中产生的副产品，其数量随着钢铁工业的发展而迅速增加。

重矿渣的堆积不仅占用了宝贵的土地资源，还可能对环境造成严重污染。例如，矿渣在堆积过程中容易风化或被雨水侵蚀，导致重金属浸出，从而污染土壤和水体，这样的环境问题对周边生态系统和人类健康构成了潜在威胁。矿渣堆积场往往会占用了大量土地，这一问题在土地资源日益紧张的今天显得尤为突出。因此，对重矿渣的合理利用成为解决资源浪费和环境问题的关键。

1.1.1　重矿渣利用率不高

尽管我国在重矿渣的回收利用方面取得了一定进展，但其总体上的利用率仍然较低。例如，美国、德国等发达国家的高炉矿渣利用率为 70% ～ 80%，这些国家通过多种方法将高炉矿渣用作建筑材料，取得了良好的效果。Juan 等人（2005）提出将高炉矿渣用于农村道路砖石砂浆和道路水泥混合物的配制，所配制产品显示出较好的耐久性和抗压性。Keun-Hyeok 等人（2011）研究了轻

3

碱矿渣混凝土的含水率对坍落度的影响，发现含水率增加会降低混凝土的坍落度。Idorm 和 Roy（1984）则验证了高炉矿渣水泥在提供致密微观结构和抗酸碱腐蚀能力方面的优越性。

相比之下，我国在重矿渣利用方面仍面临多重挑战。尽管重矿渣具有较高的再利用价值，但其物理和化学特性复杂，利用技术难度大。目前，我国在重矿渣的处理和再利用技术上还不够成熟，尤其是在高性能建筑材料和功能性材料等高附加值产品的开发上。传统的矿渣处理技术多集中于低附加值产品（如矿渣水泥和矿渣粉等），产品缺乏技术含量和市场竞争力。这些低附加值产品的市场需求有限，难以充分利用大量的矿渣。

部分企业对重矿渣再利用的认识不足，缺乏相应的管理措施和激励机制，也会导致重矿渣利用率低。一些企业为了降低成本，倾向于直接堆放矿渣而非对其进行资源化利用。有些企业即使意识到重矿渣的再利用价值，也会因缺乏技术和资金支持，难以进行有效的再利用开发。企业在矿渣管理和再利用过程中缺乏统一的标准和规范，导致矿渣再利用过程中的管理混乱和资源浪费。

市场需求不足也限制了重矿渣的利用。尽管重矿渣在建筑材料、道路建设等领域有广泛的应用前景，但市场对再生资源产品的接受度不高，使重矿渣利用产品的推广面临挑战。传统建筑材料和新型环保材料的市场竞争激烈，再生资源产品的推广面临着来自价格和性能上的双重压力。市场对环保材料的认知度和接受度不高，使重矿渣再生产品难以被大规模推广和应用。

政策和法规的滞后也影响了重矿渣的利用。尽管国家出台了一系列政策支持资源循环利用，但具体的实施和监管力度还不够，缺乏严格的标准和强有力的政策支持，使重矿渣的利用在实际操作中难以落实。例如，若缺乏对重矿渣再利用企业的财政支持和税收优惠政策，企业在资源再利用过程中就会缺乏经济动力；政策和法规的滞后则直接影响了重矿渣再利用的推广和应用。

1.1.2　重矿渣的再利用与海绵城市建设

推进重矿渣的资源化利用，实现重矿渣在建筑材料中的应用（尤其是在透水混凝土中的应用），是解决重矿渣利用率低这一问题的重要途径。海绵城市建设旨在通过自然积存、自然渗透、自然净化的方式，有效管理城市雨水，实现雨水资源化利用，缓解城市内涝问题。透水混凝土作为一种新型环保材料，在海绵城市建设中具有重要的应用价值。透水混凝土具有良好的透水性和透气性，可以有效地减少地表径流，增加地下水补给，改善城市小气候，降低热岛效应。透水混凝土还能吸附空气中的悬浮颗粒物，起到净化空气的作用。

利用重矿渣替代天然集料制备重矿渣集料透水混凝土不仅可以解决矿渣堆积导致的环境污染问题，还能实现重矿渣的再生和资源化，具有显著的经济和环境效益。在经济效益方面，利用重矿渣集料制备透水混凝土可以大幅度降低建筑材料成本。重矿渣集料的成本低于天然集料，且制备过程中可减少水泥用量，从而降低生产成本。例如，王旺兴和苏国臻（2002）的研究表明，每立方米重矿渣混凝土的水泥用量可减少 10%，成本降低 30 ～ 40 元。在环境效益方面，重矿渣的再利用有助于减少废渣堆积，减少对土地资源的占用和对环境的污染。透水混凝土的应用不仅可以促进雨水的自然渗透，缓解城市内涝，还能改善城市热环境，降低噪声，改善空气质量。

透水混凝土在海绵城市建设中也具有十分重要的作用。通过合理的设计和施工，透水混凝土可以在城市道路、公园、广场等场所得到广泛应用。传统的城市路面通常采用不透水的材料（如沥青和水泥），这些材料会导致雨水迅速汇集成水流，增加排水系统的压力，容易引发城市内涝。透水混凝土则不同，它具有高度的孔隙率，能够迅速渗透和储存降水，减少地表径流量，有效缓解内涝风险。在城市化进程中，地表的不透水覆盖使降水无法有效渗透到地下，导致地下水位下降。透水混凝土的应用则可以使雨水通过孔隙渗入地下，补充地下水资源，改善城市的水资源状况。透水混凝土还具有过滤作用，可以在雨水渗透过程中过滤掉部分污染物，净化水质。透水混凝土对城市热岛效应的缓解也有显著作用。传统的城市路面在阳光照射下容易吸收和存储大量热量，导致地表温度升高，形成热岛效应。透水混凝土有较高的孔隙率和较低的热储存能力，可以通过水分蒸发和空气流通带走热量，降低地表温度，从而缓解城市热岛效应，提高城市居住环境的舒适度。

1.2 重矿渣集料透水混凝土的内涵

透水混凝土是海绵城市建设的一个关键材料，它不仅需要具备"海绵"的功能，还必须能够承载多样化的应用需求，包括颜色多样性、承载能力和美化功能。例如，六盘水市花山风景区的停车场就需要使用高承载、多颜色的透水混凝土，以满足美化和实用的双重需求。因此，对透水混凝土的制备方法和力学性能进行深入研究是非常必要的。透水混凝土是一种具有高透水性、高透气性的混凝土材料，能够有效地解决城市地表雨水径流问题，促进雨水的自然积存、自然渗透和自然净化，其基本原理是在混凝土内部形成均匀分布的孔隙网络，使雨水能够快速渗透到地下，补充地下水，同时减少地表径流，缓解城市内涝问题。透水混凝土不仅能够应用于停车场，还可用于人行道、公园、绿化地等多种场景，为人们的生活带来极大的便利。

重矿渣作为透水混凝土的集料，具有许多优点。第一，重矿渣的来源广泛，成本较低。与天然集料相比，重矿渣的获取成本相对较低，可以显著降低透水混凝土的生产成本。第二，重矿渣集料表面比较粗糙，内部孔隙多，这些特点有助于提高透水混凝土的强度和耐久性。粗糙的表面可以增加集料与水泥浆体之间的黏结力，多孔的内部结构则有助于形成均匀的孔隙网络，提高混凝土的透水性。

透水混凝土的制备方法和力学性能是决定其应用效果的关键。一般来说，透水混凝土的制备方法包括配合比设计、拌和、成型和养护等环节。配合比设计需要合理选择水灰比、砂率和矿物掺和料，以保证透水混凝土的强度和透水性。拌和过程需要控制好水泥浆体的流动性和均匀性，避免出现离析和泌水现象。成型过程需要采用适当的振动和压实方法，以确保混凝土的密实度和均匀性。养护过程需要保持适宜的温度和湿度，促进混凝土的硬化和强度发展。

在透水混凝土的配合比设计中，水灰比是一个重要的参数。水灰比过高会导致混凝土的强度下降，水灰比过低则会影响混凝土的流动性和施工性能。因此，设计人员需要根据具体的工程要求，选择适宜的水灰比。一般来说，透水混凝土的水灰比在 0.25 ～ 0.35 较为合适。砂率是指砂子在混凝土总集料中的质量百分比。砂率过高会导致混凝土的孔隙率降低，透水性下降；砂率过低则会影响混凝土的强度和耐久性。因此，设计人员需要根据具体的工程要求，选择适宜的砂率。一般来说，透水混凝土的砂率在 20% ～ 30% 较为合适。矿物掺和料是指在混凝土中掺入的一定量的粉煤灰、矿渣粉、硅灰等矿物材料，能够改善混凝土的性能。矿物掺和料可以提高混凝土的强度、耐久性和抗裂性，同时减少水泥的用量，降低生产成本。一般来说，矿物掺和料的掺量在 10% ～ 30% 较为合适。在具体应用中，设计人员可以根据工程的具体要求和材料的实际情况，选择适宜的矿物掺和料种类和掺量。

在拌和过程中，操作人员可以通过调整拌和时间和拌和速度来控制水泥浆体的流动性和均匀性。在成型过程中，操作人员可以采用机械振动与手工压实相结合的方法，以达到较好的成型效果。在养护过程中，操作人员可以通过覆盖塑料薄膜、洒水养护等方法，保持混凝土表面的湿润和适宜的温度。

1.3 重矿渣集料透水混凝土的研究现状

Chandrappa 和 Biligiri（2016）对透水混凝土超声脉冲速度（UPV）进行了研究。他们使用透水混凝土空气中的超声方法确定了试件的迂曲度指标，制作了 24 种透水混凝土混合物，以 4 种不同的增益测定了 UPV。试验结果表明，随着增益的增加，UPV 增加，并且在较高的增益下，增加的速率降低。他们还采用两种统计方法研究了增益对 UPV 的影响，并从统计评估中发现了一个最佳增益，它在捕获透水混凝土的正确 UPV 值方面是合理的。迂曲度试验验证了慢纵波的存在，测定的指标在 1.619～1.701 的范围内。散点图显示，随着透水混凝土混合物孔隙率和渗透率的增加，迂曲度有所降低。此外，从空中超声技术确定的迂曲度与从现有模型估计的结果一致。

Feric Kajo 等人（2023）通过试验分析研究了集料粒径和压实度对透水混凝土的强度和水力性能的影响。他们通过控制集料粒径含量的组分，研究了 11 种混凝土配合比。试验考虑的重要变量是集料尺寸，采用的是 4 种不同的压实度。混凝土结构的孔隙率是通过水泥净浆部分填充集料中的空隙得到的。试验还改变了透水混凝土的成分，以研究成分的重要性，并根据测试结果评估控制强度和水力性能的主要因素。结果表明，压实度是决定透水混凝土强度和水力性能的关键因素之一，最大强度和最小水力传导率是通过较高的压实度实现的。

Claudino 等人（2022）提出，透水性能应用的主要关注点是提高机械性能和孔隙系统效率，以保证适当的渗透性。机械强度和水力传导率之间的反比例关系需要平衡这两种要求的混合配比方法。研究者提出了一种易于操作且灵活的配合比设计方法来优化水泥浆体和颗粒骨架组成，以平衡透水混凝土混合物的机械强度和渗透性。研究者通过对 3 种水胶比（0.30、0.35 和 0.40），3 种目标孔隙率（15%、17.5%、20%）和 3 种细集料含量（0%、10%、20%）下的透水混凝土混合物进行力学试验，验证了设计理念，在目标孔隙率为 15% 和 17.5% 的混合物中获得了希望的结果，提出细集料含量对所测试的透水混凝土混合物的渗透系数有良好的影响。细集料含量对抗压强度也有影响，尤其是含 10% 砂的混合料，它能平衡试验的力学和水力学性能。0.35 的水胶比也产生了满足性能要求及平衡的机械和渗透性能的透水混凝土混合物。结果验证了所提出的混合设计方法，使机械和水力性能的平衡符合现场应用的要求。

Machado 等人（2023）研究了再生混凝土集料（RCA）和砂子单独使用与组合使用的透水混凝土路面板的物理和水文特性（包括密度、孔隙率和渗透速率）以及抗压强度和磨耗能力。他们首先将天然粗集料按 15%、30% 和 50% 的质量比替换为 RCA，然后在表现出更高性能的混合物中，在集料总质量的 5% 和 10% 水平上掺入砂，用 15% 的 RCA 取代天然集料，提高了抗压强度。结果表明，砂的掺入降低了透水混凝土的孔隙率和渗透能力，同时防止了由于混合料的不均匀性而增加的力学性能。

Hung 等人（2023）研究了集料混合比不同时孔隙率和渗透系数的差异，并给出了满足某规范规定的抗压强度要求的混合比。他们综合考虑了集料的粒径，提出了 3 种配合比，每种配合比设计了 3 个圆筒，通过压缩和透水性试验、水下试件重量测量和 CT 图像分析，对这些圆筒的孔隙率进行评价。结果表明，在强度和渗透性方面，5 ～ 10 mm 集料的最佳配合比为 50%，2 ～ 5 mm 集料的最佳配合比为 45%，砂子的最佳配合比为 5%。此外，随着细集料比例的增加，孔隙度和渗透率降低。

Alwyn 等人（2019）将短直型钢纤维掺入混凝土中，制备了钢纤维混凝土，并对钢纤维混凝土的弯曲韧性进行了试验分析和数据处理。他们通过对比不同钢纤维体积率下的破坏形态及荷载 - 挠度曲线各阶段的变化，推算出钢纤维对混凝土的增韧规律，计算出单位体积率下钢纤维的吸收能力，得到最优钢纤维体积率。

Fereydoon 等人（2018）针对传统混凝土存在的早期抗裂性能差的工程弊端，通过无侧限抗压强度试验与平板抗裂试验，探究了水泥 - 粉煤灰中单掺波浪形钢纤维和单掺聚丙烯纤维及混合掺入两种纤维混凝土的抗压强度及抗裂性能（包括裂缝条数、长度、总面积与开裂系数）。结果表明，纤维的掺入对混凝土无侧限抗压强度的影响较小，对混凝土的抗裂性能却有明显的提升作用，其中钢纤维主要限制大裂缝的发展，聚丙烯纤维则针对细长裂缝，两者结合时可形成多尺度纤维体系，协同发挥两者的优势，实现最小的裂缝面积。

Zhu 等人（2020）在透水混凝土中加入了聚丙烯纤维，并研究了其对透水混凝土性能的影响。他们研究了 13 mm 和 55 mm 聚丙烯纤维对透水混凝土性能的影响，这两种纤维都能提高透水混凝土的抗弯强度，但是当纤维太长时，水泥浆体就不能将纤维完全覆盖，并且当纤维加入太多时，透水混凝土的抗弯强度就会下降。

在透水混凝土的强度方面，谭燕等人（2020）利用碎石做试验，通过研究透水混凝土在集料粒径、不同水灰比等情况下的力学性能的变化，进而得出 3 个影响因素。张巨松等人（2006）通过采用轻型击实密实方法，对透水混凝土的强度做了研究。结果表明，透水混凝土的强度随着试验锤击次数的增多而增大，到 18 次后，强度趋于稳定，满足透水混凝土的面层要求。

在透水混凝土的配合比方面，程娟（2021）利用体积法对透水混凝土进行了配合比设计，分别对透水混凝土的力学性能、配合比、透水性等问题进行了讨论与研究，总结并分析了影响力学性能和透水性能的因素，进而获得了力学性能与透水系数间的经验关系式。李彦坤等人（2008）提出一种全新的设计配合比的方式，他们将球体作为粗集料的计算模型，计算了粗集料的表面积并将其与裹浆厚度、试验水灰比等参数相结合来确定配合比，从而验证了方法的可行性。

在透水混凝土的成型方面，李斌（2016）针对传统透水混凝土成型方法的缺点，提出了一种新的方法，他用上部密实法作为透水混凝土的成型方法，通过大量试验，对混凝土的力学性能及孔隙做了讨论与研究。吴冬等人（2009）对透水混凝土的不同成型方式做出了研究，分析了成型方式对透水混凝土性质的影响，进而得到适合透水混凝土的成型方式。黄显全等人（2021）对混凝土的搅拌方式及成型方式做了研究，提出了 3 种混凝土的搅拌方式，分析了不同搅拌方式对透水混凝土力学性能及渗透性的影响，阐述了不同成型方式对透水混凝土力学性及渗透性的影响及存在的问题。

在集料级配及粒径方面，宋慧等人（2019）采用破碎性石灰岩作为试验集料，选取了 2.36～20.00 mm 范围内的 4 种单一级配碎石，制作了 0.25～0.34 水灰比的透水混凝土，对混凝土的力学性能和透水性能做出了研究。结果表明，试件的透水系数随着水灰比的增加而减小，试件的力学性能与透水系数之间呈近似线性关系。黄志伟等人（2021）将废弃混凝土经破碎、筛分后获得再生集料，制作出再生集料粒径为 5～10 mm 和 10～20 mm、水灰比为 0.3、单双级配的试件，并对混凝土的力学性能、透水性和孔隙进行了研究。结果表明，材料的抗压强度随孔隙的增大而减小、试件的抗压强度与劈裂强度呈正相关关系。

李圣彬（2020）在矿渣混凝土的动态力学性能试验中指出，重矿渣透水混凝土作为一种新型绿色建筑材料，是解决资源利用、环境保护和生态循环等问题的重要举措。他对不同掺量的矿渣混凝土进行了立方体抗压强度测试。结果表明，在相对静态荷载下，养护时间相同时，矿渣混凝土的抗压强度均大于普通混凝土的抗压强度，且矿渣混凝土的抗压强度随矿渣掺量的增加而增加；但随掺量的增加，强度会降低，具有线性关系，且随着养护时间的增长，矿渣混凝土的强度增长得更快，可以赶上并超过普通混凝土。总而言之，当矿渣掺量处于 30% ~ 45% 的区间时，强度增长速度最快；当养护时间足够，矿渣掺量达到特定数值时，重矿渣制备的混凝土强度大于普通混凝土的强度。

管丽佩等人（2016）通过对比矿渣混凝土与普通混凝土的力学性能，对包钢高炉重矿渣的物理性能以及矿渣混凝土与普通混凝土的力学性能进行了试验，研究了矿渣混凝土的立方抗压强度、弹性模量、泊松比以及矿渣块替代率对矿渣混凝土轴压强度的影响。结果表明，包钢高炉重矿渣的表观密度和体积密度低于普通碎石，破碎指数和吸水率较大，但也符合 YB/T 4178—2008《混凝土用高炉重矿渣碎石》的要求，作为混凝土粗集料是可行的。矿渣混凝土 7 d 立方体抗压强度比普通混凝土低 8.3% 左右，而 28 d 立方体抗压强度和轴压强度比普通混凝土平均高 5.0% 和 4.6%，弹性模量略高，泊松比差别不大。渣块置换率越大，矿渣混凝土轴压强度越小，但当渣块置换率小于 20% 时，轴压强度下降的幅度较小，影响不明显。

宋金平等人（2016）认为，炉渣的排放和堆积不仅消耗了大量的人力、物力和财力，还占用土地，污染了环境。他们总结了近年来国内外对重矿渣的研究和应用，从发展历程、产品研发、经济价值等方面阐述了重矿渣回用的意义，提出了应用中存在的问题和改进措施。

陈楚鹏等人（2015）通过对矿渣混凝土孔隙率和强度进行研究，探讨了不同水灰比和矿渣替代率对矿渣混凝土孔隙结构和强度的影响。结果表明，矿渣用量对矿渣混凝土的强度和孔隙率有显著影响。

崔凯等人（2023）以钢－聚丙烯混杂纤维混凝土（steel-polypropylene

hybridfiber reinfor concrete, HFRC）为研究对象，开展了单轴等幅受压疲劳变形试验，探究了应力水平对 HFRC 疲劳破坏形态、疲劳应力-应变关系曲线、疲劳耗能能力以及极限疲劳变形的影响规律。结果表明，HFRC 的疲劳破坏形态为剪切破坏，具有延性特征；HFRC 的疲劳累积耗能和极限疲劳变形随着应力水平的降低而增加。他还建立了考虑存活率的 HFRC 应力水平-极限疲劳变形方程，能够定量描述 HFRC 在任意疲劳荷载作用下的极限变形。

方从启等人（2020）研究了玄武岩纤维对透水混凝土的抗压强度。结果表明，透水混凝土的抗压强度随着玄武岩纤维掺量的增加先提高后慢慢降低，在玄武岩纤维掺量为 0.1% 时达到最大值，纤维对透水混凝土的抗折强度也表现出同样的情况。

丁楚志等人（2022）研究了桥梁伸缩缝中以多种微纤维和聚合物为关键组分的高性能混凝土材料。结果表明，与桥梁伸缩缝常用的普通混凝土、钢纤维混凝土和聚丙烯纤维混凝土相比，桥梁伸缩缝高性能混凝土的抗冲击性能得到显著提高，对解决或延缓伸缩缝混凝土的早期损坏、降低养护成本具有一定的价值。

第 2 章　重矿渣集料透水混凝土的设计与制备

本章主要介绍了重矿渣集料透水混凝土的设计与制备方法，对重矿渣集料的选择、透水混凝土的配合比设计方法、拌制和成型工艺等方面进行了详细探讨，旨在建立科学、合理的设计体系和制备流程。本章通过系统的试验研究，分析了各类设计参数对混凝土性能的影响，包括水灰比、级配、砂率及矿物掺和料等因素，以期为重矿渣集料透水混凝土的实际应用提供科学依据和技术指导。本章的研究不仅有助于提高透水混凝土的透水性和力学性能，还能为资源的可持续利用和环境保护提供新思路。

2.1　重矿渣集料的选择

本节重点探讨了硅灰和粉煤灰对重矿渣透水混凝土性能的影响。硅灰作为部分水泥的替代材料，在保持其他配比因素不变的情况下，提高了透水混凝土的抗压强度和劈裂抗拉强度，在 9% 的替代率下效果最为显著。然而，随着硅灰替代率的进一步增加，强度出现下降趋势，透水性能也降低。粉煤灰的引入同样表现出类似的效果，在较低替代率下提升了抗压强度和劈裂抗拉强度，但比例过高时强度显著下降，导致透水性能大幅降低。本节研究为优化重矿渣集料透水混凝土的材料选择提供了科学依据。

2.1.1 重矿渣集料的来源及制备方法

重矿渣集料的性能直接影响着重矿渣集料透水混凝土拌和物的性能，因此重矿渣集料的选择需要满足一定的指标要求。为了保证本次试验的可靠性并降低试验结果的离散性，本书按照"来源可靠、精细加工、勤于检测、严格控制、优化配置"的原则开展重矿渣集料的制备工作。

粗集料的选择依据的是《混凝土用高炉重矿渣碎石》（YB/T 4178—2008）、《建筑用卵石、碎石》（GB/T 14685—2022）、《轻集料及其试验方法　第 2 部分：轻集料试验方法》（GB/T 17431.2—2010）等标准。本书试验中的原材料均来自贵州省六盘水市水钢高炉重矿渣，如图 2-1 所示。

图 2-1　六盘水市水钢高炉重矿渣

重矿渣集料的生产流程如图 2-2 所示：大块高炉重矿渣收集回来后首先采用颚式破碎机破碎；其次通过电动振筛机初筛，得到粒径为 2.36 ～ 4.75 mm、4.75 ～ 9.50 mm、9.50 ～ 13.20 mm 的集料；最后对上述集料进行手动复筛，除去多余的粉尘，并把不同粒径的集料分开堆放。依据上述规范，研究人员可分别对重矿渣集料的基本力学性能指标进行测试。

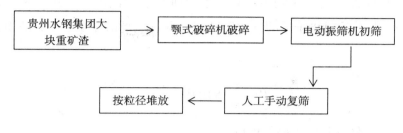

图 2-2　重矿渣集料的生产流程图

2.1.2　重矿渣集料的基本力学性能指标测试

1. 孔隙率和饱和吸水率

重矿渣集料的孔隙率选用水煮法来测定，步骤如下：称取干燥的重矿渣集料样品放入烧杯中，样品质量记为 m_0；加入蒸馏水将样品浸没，然后将烧杯放在电炉上加热，直到沸腾，持续 2 h 之后，停止加热；待降到常温，快速取出样品，将其放在天平上的托盘中并慢慢放入水面下，测取饱和样品在水中的悬浮质量，记为 m_1；将饱和样品取出，擦拭饱和样品表面的水，之后再次放入天平，快速称量饱和面干样品在水中的悬浮质量，记为 m_2；此时重矿渣集料的孔隙率 P_1 为

$$P_1 = \frac{m_2 - m_0}{m_2 - m_1} \times 100\% \qquad (2-1)$$

式中，P 为试样孔隙率（%）；

　　　m_0 为初始试样的质量（g）；

　　　m_1 为饱和试样在水中的悬浮质量（g）；

　　　m_2 为饱和面干试样在水中的悬浮质量（g）。

测试集料的饱和吸水率的步骤如下：将集料放入干净烧杯中，加入蒸馏水，直到高出试样顶部 10 mm 左右，静置 24 h；取出试样，立即擦掉试样表面的水，快速称量此时饱和面干试样的质量，记为 m_3；然后将试样放入烘箱中烘干，温度设置为（100±5）℃；取出烘干后的试样，将其放入干燥的密闭容器中冷却，称量烘干后的试样质量，记为 m_4，此时重矿渣碎石的饱和吸水率为

$$P_2 = \frac{m_3}{m_4} \times 100\% \qquad (2-2)$$

式中，P_2 为试样饱和吸水率（%）；

m_3 为饱和面干试样的质量（g）；

m_4 为烘干后试样的质量（g）。

试验经过多次测试，得出重矿渣的孔隙率以及饱和吸水率的平均值，结果见表 2-1 所列。

表 2-1　重矿渣的孔隙率以及饱和吸水率

粒径范围 /mm	孔隙率 /%	饱和吸水率 /%
2.36～4.75	—	6.42
4.75～9.50	18.8	7.51
9.50～13.20	23.4	8.94

2. 针片状颗粒含量

重矿渣的针片状颗粒含量可采用游标卡尺法测量，步骤如下：将试样烘干后筛分，按照规定，长度或厚度大于规准仪要求的，均视为针片状颗粒，最终称取试样中针片状颗粒的质量，测量结果见表 2-2 所列。

表 2-2　水钢重矿渣碎石针片状颗粒含量

粒径范围 /mm	针片状颗粒含量 /%
4.75～9.50	8.2
9.50～13.20	6.5

根据测量结果，水钢重矿渣针片状颗粒含量与工程应用的针片状颗粒含量的数值要求相比，符合要求。

3. 坚固性

坚固性的测试方法如下：将试样放置在硫酸钠溶液中，晃动排除内部气体，浸泡 24 h，然后烘干；重复操作 5 次后，将重矿渣碎石过筛并称取粒径为 3.00 ～ 10.00 mm 的碎石质量，以碎石质量损失百分率来判断重矿渣的坚固性。测试结果见表 2-3 所列。

表 2-3　重矿渣坚固性测试结果

集料粒级 /mm	质量损失百分率 /%
2.36 ～ 4.75	1.02
4.75 ～ 9.50	1.21
9.50 ～ 13.20	1.56

由表 2-3 可知，水钢重矿渣集料的质量损失小于 2%，远小于标准中规定的 8%，所以水钢重矿渣集料的坚固性满足要求。

2.2　基于孔隙结构优化的透水混凝土配合比设计

透水混凝土作为一种具有良好透水性的建筑材料，近年来在城市道路和广场铺装中得到了广泛应用。其独特的孔隙结构不仅能够允许水分通过，减少地面积水，还能够补充地下水，调节城市微气候，对环境保护和城市可持续发展有重要意义。透水混凝土的孔隙结构直接影响透水混凝土力学性能和透水性能，因此如何优化孔隙结构以达到更优的综合性能，成为学术界和工程界关注的焦点。在城市化进程中，传统的不透水地面铺装导致地表水无法有效渗透，从而影响了地下水的补给，加剧了城市内涝问题。此外，不透水铺装还会加剧城市热岛效应，影响城市居民的生活环境。透水混凝土的应用可以有效缓解这些问题，其透水特性使雨水能够迅速渗透，减少积水，同时调节地表温度。

尽管透水混凝土具有显著的环境优势，但孔隙结构的不稳定性和强度低于传统混凝土的问题，限制了透水混凝土更广泛的应用。孔隙结构的不均匀性会导致透水性能的下降，而孔隙率的增加往往会降低混凝土的强度。因此，如何在保证足够透水性的同时提高强度，是透水混凝土配合比设计的关键。近年来，研究者通过调整水泥用量、添加不同种类和比例的粗集料和细集料、引入外加剂等方法来调整透水混凝土的孔隙结构，并通过试验研究其对透水性和强度的影响。此外，一些研究还尝试通过微观结构模拟来预测和优化透水混凝土的性能。然而，现有研究大多集中在单一性能的改善上，缺乏对孔隙结构与多种性能之间相互关系的系统研究。

本节旨在通过对透水混凝土的孔隙结构进行系统分析和优化，设计出合理的配合比，使透水混凝土在保证良好透水性的同时具有较高的力学性能和耐久性。本节通过综合考虑孔隙率、孔径分布、连通性等因素，研究了孔隙结构与性能之间的内在联系，进而提出一套孔隙结构优化的配合比设计方法。这不仅对于提升透水混凝土的实用性和经济性具有重要意义，还为其他多孔材料的性能优化提供了理论依据和技术参考。

2.2.1 孔隙结构对透水混凝土性能的影响

1. 孔隙结构的形成机理

透水混凝土的孔隙结构是透水混凝土的核心特性，它决定了透水混凝土的透水能力、力学性能及耐久性。孔隙结构的形成机理较为复杂，涉及材料组成、配合比设计、施工工艺等多个方面。下面是对透水混凝土孔隙结构形成机理的总结。

（1）材料组成的影响。透水混凝土的基本组成包括水泥、粗集料、细集料

（可选）、水和外加剂。其中，粗集料的粒径、级配和含量是形成孔隙结构的关键因素。粗集料的粒径决定了孔隙的大小，级配的合理性则影响着孔隙的连通性和分布均匀性。粗集料含量的增加会导致孔隙率的上升，但也可能影响混凝土的整体密实性和强度。

（2）水胶比的作用。水胶比是指混凝土中水的质量与水泥的质量之比，它直接影响到水泥浆的流动性和凝结过程，从而影响孔隙结构的形成。较低的水胶比有利于减少孔隙率，提高密实性和强度，但过低的水胶比会使混凝土的工作性能变差，难以充分填充模具，形成较大的孔隙。

（3）外加剂的调控。外加剂（如增塑剂、减水剂、发泡剂等）可以改变水泥浆的性质和混凝土的工作性能。例如，发泡剂可以在水泥浆中产生大量均匀的气泡，这些气泡在凝固过程中可形成稳定的孔隙，提高透水性能。增塑剂和减水剂可以提高混凝土的流动性，使混凝土更加均匀，减少因填充不良产生的大孔隙。

（4）混合和养护过程的影响。在混凝土的混合过程中，如何充分搅拌以达到均匀分布，是形成良好孔隙结构的前提。混合不充分会导致集料分布不均、水泥浆包裹不完全，形成较大的孔隙和弱点。养护条件（如温度、湿度和时间）同样会影响孔隙结构的稳定性和均匀性，适宜的养护条件有助于水泥水化反应的完全进行，减少由于水化反应不完全产生的微孔隙。

（5）施工工艺的影响。施工过程中的振捣和压实都会对孔隙结构产生影响。振捣可以使混凝土中的气泡上浮，减少孔隙；而适当的压实可以提高混凝土的密实性，减小孔隙率。但是，在透水混凝土的施工过程中，施工人员需要控制振捣和压实的力度，以免破坏透水性能。

2. 孔隙结构对透水性能的影响

透水混凝土的孔隙结构是透水混凝土透水性能的决定性因素。孔隙的大小、形状、连通性以及分布等特性能够直接影响水分通过透水混凝土的能力。理解孔隙结构对透水性能的影响，对优化配合比设计、提高透水混凝土的应用价值具有重要意义。

（1）孔隙率的影响。孔隙率是指单位体积内孔隙体积与总体积的比例。一般来说，孔隙率越大，透水混凝土的透水性能越好。这是因为更高的孔隙率提供了更多的空间供水分通过。然而，孔隙率的增加往往伴随着力学性能的下降，因此在设计透水混凝土时，设计人员需要在孔隙率与力学性能之间找到一个平衡点。

（2）孔隙大小的作用。孔隙大小对透水性能有显著影响。较大的孔隙可以提供较大的通道，有利于水的快速渗透。但是，孔隙如果过大，可能会导致透水层的结构稳定性降低。因此，优化孔隙大小，使其既能保证良好的透水性能，又能维持透水混凝土的结构稳定性，是配合比设计中的一个关键因素。

（3）孔隙形状的影响。孔隙的形状也会影响透水性能。圆形或接近圆形的孔隙通常能提供更顺畅的水流通道，而不规则形状的孔隙可能会导致水流受阻。因此，在设计透水混凝土时，设计人员可通过调整配合比和施工工艺，尽可能形成形状规则的孔隙，有助于提高透水性能。

（4）孔隙连通性的重要性。孔隙的连通性是决定水能否顺畅通过透水混凝土的关键。即使孔隙率较大，但如果孔隙之间不连通，水分也无法有效渗透。因此，提高孔隙之间的连通性，形成良好的孔隙网络，对优化透水性能至关重要。

（5）孔隙分布的影响。均匀分布的孔隙有利于形成稳定的水流通道，提高透水效率。相反，孔隙分布不均可能会导致局部水流阻塞，影响整体的透水性能。通过精确控制配合比和施工工艺，实现孔隙的均匀分布，是提高透水混凝土透水性能的有效途径。

孔隙结构对透水混凝土的透水性能有着决定性的影响。设计人员通过优化孔隙率、孔隙大小、形状、连通性和分布，可以显著提高透水混凝土的透水性能。此外，考虑到外部环境因素的影响，设计人员可以设计出更加稳定、可靠的透水混凝土。因此，在基于孔隙结构优化的透水混凝土配合比设计研究中，深入探讨孔隙结构对透水性能的影响，对指导实际工程应用具有重要的理论和实践意义。

3. 孔隙结构对强度性能的影响

孔隙结构是影响透水混凝土强度性能的关键因素。在设计透水混凝土时，设计人员需要兼顾透水性能和强度性能，而这两者往往是相互制约的。孔隙结构的优化不仅要确保透水混凝土有足够的透水能力，还要保证混凝土的承载能力和耐久性。

（1）孔隙率与强度的关系。孔隙率是影响透水混凝土强度的主要因素之一。通常情况下，孔隙率越大，混凝土内部的连续固体物质就越少，强度也越低。孔隙结构中的空隙会成为应力集中的地方，导致裂缝的产生和扩展。因此，在设计透水混凝土时，设计人员需要通过控制孔隙率来平衡透水性能和强度性能。

（2）孔隙大小对强度的影响。孔隙大小也是决定透水混凝土强度的重要因素。较大的孔隙会减少混凝土中的有效承载面积，降低强度。适中的孔隙大小可以在保证透水性的同时，尽可能维持更多的固体骨架结构，增强混凝土的承载能力。

（3）孔隙形状及其分布的影响。孔隙的形状和分布同样能够影响透水混凝土的强度。规则的孔隙形状和均匀的孔隙分布有助于分散应力，减少应力集中，从而提高混凝土的承载能力。不规则或聚集的孔隙可能导致局部强度降低，成为裂缝的起点。

（4）孔隙连通性对强度的作用。虽然孔隙连通性对透水性有积极作用，但过高的连通性会削弱混凝土的整体结构，降低抗压和抗弯强度。因此，设计人员需要通过优化孔隙连通性，设计出既有良好透水性能又有足够强度的透水混凝土结构。

透水混凝土的孔隙结构对透水混凝土的强度性能有着直接的影响。设计人员通过控制孔隙率，优化孔隙大小、形状、连通性和分布，可以提高透水混凝土的强度。此外，通过合理选择材料、设计配合比、确保适宜的养护条件，设计人员可以进一步提升透水混凝土的强度性能。在基于孔隙结构优化的透水混凝土配合比设计研究中，深入分析孔隙结构对强度的影响，有助于开发既透水又结实的混凝土材料，满足工程实际应用的需求。

4.孔隙结构对耐久性能的影响

透水混凝土的耐久性能是决定透水混凝土具有长期服务能力的关键因素之一，而孔隙结构对耐久性能有着直接且深远的影响。耐久性能包括抗冻融性、抗化学侵蚀性、抗裂性等多个方面，这些性能的优劣直接关系到透水混凝土的使用寿命和维护成本。

（1）孔隙率对耐久性的影响。孔隙率是影响透水混凝土耐久性的重要因素。较高的孔隙率意味着有更多的空间允许水分和有害化学物质渗入混凝土内部，这会加速材料的劣化过程，降低耐久性。因此，合理控制孔隙率，既能保持良好的透水性能，又能提高混凝土的耐久性，是设计中的一个重要目标。

（2）孔隙大小及分布的影响。孔隙的大小及孔隙在混凝土中的分布也对耐久性有显著影响。较大的孔隙和不均匀的孔隙分布会为水分和有害物质的渗透提供更易于穿透的通道，加速混凝土内部的损伤。均匀分布的较小孔隙能有效延缓这一过程，提高混凝土的耐久性。

（3）孔隙形状及连通性对耐久性的作用。孔隙的形状及连通性也是影响耐久性的重要因素。规则的孔隙形状和较低的孔隙连通性可以减缓水分和化学物质的渗透速度，从而提高混凝土的耐久性。相反，不规则的孔隙形状和高度连通的孔隙网络会加速内部损伤的发展。

2.2.2 透水混凝土的配合比优化设计

1.配合比优化设计的基本原则

配合比优化设计是实现理想孔隙结构以及优化透水混凝土性能的关键步骤。配合比设计的基本原则不仅要考虑透水性和强度的平衡，还需要综合考虑耐久性、经济性和环境友好性等因素。

（1）平衡透水性能与强度性能。在设计透水混凝土的配合比时，首要原则是实现透水性与强度之间的最佳平衡。由于透水性与强度在一定程度上是相互制约的，因此设计人员需要精细地调整水泥用量、集料级配、添加剂的种类和用量等，以达到既有良好透水性能又满足强度要求的目标。

（2）优化孔隙结构。基于孔隙结构优化的配合比设计需要通过调整材料比例和种类来控制混凝土的孔隙率、孔隙大小、孔隙形状及孔隙分布等，以改善混凝土的微观结构。具体策略包括选择适当的集料级配、使用高效减水剂，以及减少用水量、添加孔隙调节剂等。

（3）提高耐久性。耐久性是透水混凝土长期性能的关键，因此配合比设计应考虑混凝土的抗冻融性、抗化学侵蚀性、抗裂性等耐久性指标。设计人员通过优化孔隙结构、选择耐久性好的材料、适当增加矿物掺和料等手段，可以显著提高透水混凝土的耐久性。

（4）经济性与环境友好性的考虑。在满足性能要求的前提下，配合比设计还应考虑经济性和环境友好性。这意味着在可能的情况下，设计人员应优先使用成本较低、资源丰富或可再生的材料，以减少废物的产生，降低能耗。例如，设计人员可以使用工业副产品（如粉煤灰、矿渣粉）作为部分水泥替代材料，这样不仅可以降低成本，还有助于减少温室气体排放。

（5）养护条件的考虑。透水混凝土的养护条件对透水混凝土的最终性能有显著影响，因此配合比设计也需要考虑适宜的养护制度。适当的养护可以促进水泥的水化反应，提高混凝土的密实度和强度，同时改善孔隙结构，提高耐久性。

2. 孔隙结构优化的配合比设计方法

孔隙结构优化的配合比设计方法是实现高性能透水混凝土的关键，这种设计方法不仅关注传统的混凝土性能指标（如强度和透水性），还重视通过微观结构调控来提升混凝土的耐久性和环境适应性。

（1）材料的选择与预处理。孔隙结构优化的第一步是精心选择和预处理原材料。这些材料包括合适粒径和形状的集料、性能优异的水泥以及具有特定功能的外加剂。其中，较小粒径的细集料可以提高混凝土的紧密度，而形状规则的集料有助于减少孔隙的不规则性。预处理（如集料的洗涤和分级）可以进一步提升混凝土的性能。

（2）精确计算和调整水胶比。水胶比（水与水泥的质量比）是影响混凝土孔隙结构的关键因素之一。设计人员通过精确计算和调整水胶比，可以有效地控制孔隙率和孔隙大小，从而优化混凝土的强度和透水性。一般而言，较低的水胶比有利于降低孔隙率，提高混凝土的密实度和强度，但也可能影响透水性能。

（3）优化集料级配。集料的级配对混凝土的孔隙结构有显著影响。设计人员通过优化粗集料与细集料的比例和粒径分布，可以实现更紧密的集料排列，减少孔隙率，同时保持良好的透水性。合理的级配有利于形成稳定的骨架结构，提高混凝土的承载能力和耐久性。

（4）添加功能性外加剂。功能性外加剂包括减水剂、孔隙调节剂和纤维材料等，可以显著改善混凝土的孔隙结构。其中，减水剂可以降低水胶比而不影响工作性能，孔隙调节剂可以优化孔隙大小和分布，而纤维材料可以提高混凝土的抗裂性和韧性。设计人员通过合理使用这些外加剂，可以在保证透水性的同时，显著提升混凝土的强度和耐久性。

（5）动态调整与优化。配合比设计是一个动态调整和优化的过程。设计初期，设计人员可以先基于理论计算和前人的研究成果确定一个初步配合比，再通过实验室试验对初步配合比进行验证和调整。在试验中，设计人员应关注混凝土的强度、透水性和耐久性等性能指标，根据试验结果调整配合比，直至满足设计要求。

3.优化配合比设计的试验验证

进行优化配合比设计的试验验证是确保理论与实际应用相结合的重要步骤。试验验证的目的在于测试和评估所设计的透水混凝土的配合比在实际条件下的性能表现以及孔隙结构的优化效果。

（1）制备试样。试验人员需要根据预先设计的配合比，按照标准操作程序制备透水混凝土试样。这些试样应代表不同的配合比变量，如不同的水胶比、集料级配、外加剂类型和用量等。每种配合比应制备多个试样，以确保试验结果的可靠性和重复性。

（2）测试工作性能。在混凝土初凝前，试验人员需测试混凝土的工作性能，包括坍落度、坍落度流动值等，以评估混凝土的施工性能。透水混凝土的工作性能对于确保均匀的孔隙分布和混凝土的整体性至关重要。

（3）测定孔隙结构。混凝土硬化后，试验人员可利用多种试验技术（如压汞法、扫描电子显微镜、X 射线计算机断层扫描等）对混凝土内部的孔隙结构进行定量与定性分析。这些分析能提供孔隙率、孔径分布、孔隙形状和连通性等详细信息。

（4）测试物理性能。试验要测试透水混凝土的基本物理性能，包括密度、吸水率和透水率等。其中，透水率是评估透水混凝土性能的核心指标，通常通过恒水头渗透试验或变水头渗透试验来测定。

（5）测试力学性能。力学性能的测试通常包括抗压强度、抗折强度和抗拉强度等，这些指标对评估透水混凝土的承载能力和结构性能至关重要。其中，抗压强度测试是最基本的力学性能测试，通常在硬化后的 7 d 或 28 d 等不同时期进行。

（6）耐久性评估。混凝土的耐久性是指混凝土在长期自然环境和使用条件下的性能保持能力。试验人员通过冻融循环试验、盐水侵蚀试验、碱集料反应试验等方法，可以评估透水混凝土的耐久性能。

（7）环境影响评估。评估透水混凝土的环境影响主要考虑的是透水混凝土在降低城市热岛效应、雨水径流管理和地下水补给方面的潜力，以及它在生命周期内的碳足迹和环境友好性。

（8）数据分析与优化。收集的试验数据需要通过统计分析来评估不同配合比对透水混凝土性能的影响。试验人员通过对比试验结果与设计目标，可以对配合比进行进一步的优化。

上述试验验证过程可以确保所设计的透水混凝土的配合比在理论和实际应用中都能满足预期的性能要求。

2.2.3　透水混凝土的基础配合比设计

1.配置参数的确定

透水混凝土应用广泛，虽然不同用途对孔隙率的大小有不同的要求，但基本是在利用透水混凝土自身多孔、透水、透气性好的特点。因此，设计人员在进行配合比设计时，应首先保证透水混凝土具有满足要求的透水性，其次采取措施确保强度，也能满足使用要求。

（1）孔隙率和透水系数。制备成功的透水混凝土的孔隙率和透水系数之间具有一定的相关性，孔隙率越大，透水系数越大。由于透水系数在配合比设计时并不方便直接作为设计参数，而集料本身又具有孔隙率这一物理常数，因此配合比设计应把透水混凝土的孔隙率作为设计参数代替透水系数。

（2）孔隙率和强度。对于普通混凝土来说，强度是配合比设计的根本指标，透水混凝土则不然，它必须同时保证强度和透水性。在使用材料相同的条件下，强度和孔隙率呈反比关系。孔隙率大，则混凝土的强度低；反之，混土越密实，其强度就越高。透水混凝土的使用必然要求其具有一定的透水性，即必须保证透水混凝土有相应的孔隙率，因此在限定孔隙率的情况下，通过增加胶凝材料用量的方法来提高透水混凝土的强度显然是不可行的。在进行透水混凝土的配合比设计时，设计人员应首先保证透水混凝土的孔隙率，然后通过改变胶凝材料强度和集料性能等方法来满足强度的要求。

2.配合比的计算方法

根据透水混凝土的多孔结构特征可知，单位体积透水混凝土的质量应为单位体积集料的质量和所用胶凝材料的质量之和，这样可以初步确定透水混凝土的配合比计算方法。具体方法如下：首先，根据设计要求选用原材料，并测试选用材料的基本性能；其次，确定单位体积透水混凝土中集料的用量，根据集料的表观密度和设计要求的孔隙率确定胶凝材料的用量，按成型工艺的要求确定水胶比，从而计算出水泥用量和拌和水用量。这样，集料、水泥、水等用量即可全部计算出来。

（1）计算集料用量。单位体积透水混凝土的集料用量为

$$W_G = \rho_{Ge}\alpha \qquad (2-3)$$

式中，W_G 为单位体积透水混凝土的集料用量（kg/m^3）；

　　ρ_{Ge} 为集料的紧密堆积密度（kg/m^3）；

　　α 为折减系数，碎石取 0.98。

（2）计算胶凝材料用量。由于透水混凝土的体积为集料体积、胶凝材料浆体体积和孔隙体积之和，因此单位体积透水混凝土中胶凝材料的用量为

$$W_J = \left(1 - \frac{W_G}{\rho_G} - P\right)\rho_J \qquad (2-4)$$

式中，W_J 为单位体积透水混凝土胶凝材料的用量（kg/m^3）；

　　ρ_G 为集料的表观密度（kg/m^3）；

　　P 为目标孔隙率；

　　ρ_J 为新拌胶凝材料浆体的密度（kg/m^3）。

（3）计算水胶比。用水泥制作的透水混凝土存在一个最佳水胶比。水胶比过小，透水混凝土会因干硬而搅拌不均匀，使集料表面包裹不完全，影响集料颗粒间的黏结，从而影响强度的提高；反之，如果水胶比过大，水泥浆体就可能把透水混凝土中的部分孔隙堵死，形成致密的水泥浆层，这样不仅会影响孔的连通性，也不利于强度的提高。成型方法对水胶比的影响比较大，振动成型时水胶比要求比较低，一般控制在 0.26 ~ 0.30；而压制成型时水胶比要大一些，一般控制在 0.32 ~ 0.36 较为合适。若使用减水剂，则水胶比应降低，具体水胶比可根据原材料特点及成型方法要求进行试配试验来确定。确定了水胶比，设计人员便可以确定单位体积透水混凝土中水泥以及拌和水的用量，可按式（2-5）、式（2-6）计算：

$$W_C = \frac{W_J}{1 + \dfrac{W}{C}}$$ （2-5）

$$W_W = W_J - W_C$$ （2-6）

式中，W_C 为单位体积透水混凝土的水泥用量（kg/m³）；

W/C 为水胶比；

W_W 为单位体积透水混凝土的拌和水用量（kg/m³）。

3. 基础配合比设计参数

一般的混凝土是由砂石集料组成的骨架结构，其中的水泥砂浆填补了混凝土中的空隙，内部几乎没有缝隙。但透水混凝土内部的缝隙并不全是用水泥砂浆填满的，而是留有一部分孔隙，形成独特的骨架-空隙结构。在用重矿渣代替天然砂石拌和时，本节提出了一种适用于重矿渣透水混凝土的基础配合比，具体参数见表 2-4、表 2-5 和表 2-6 所列。

表 2-4　原材料参数

材料	参数
2.36 ～ 4.75 mm 细集料	表观密度 $\rho_G = 2\,531\ \mathrm{kg/m^3}$
4.75 ～ 9.50 mm 粗集料	表观密度 $\rho_S = 2\,734\ \mathrm{kg/m^3}$
P·O 42.5 水泥	表观密度 $\rho_B = 3\,042\ \mathrm{kg/m^3}$
聚羧酸高效减水剂	密度 $\rho = 1\,225\ \mathrm{kg/m^3}$

表 2-5　每立方米重矿渣集料透水混凝土的设计参数

项目	参数
水胶比	$W/C = 0.24$

续表

项目	参数
设计参数	$V_I = 0.1$，$V_G = 0.325$，$V_S = 0.325$
重矿渣细集料用量	$M_G = 0.325 \times 2\,531 = 823\left(\text{kg/m}^3 \right)$
重矿渣粗集料用量	$M_S = 0.325 \times 2\,734 = 889\left(\text{kg/m}^3 \right)$
净浆体积	$V_J = 1 - 0.325 - 0.325 - 0.1 = 0.25$
水泥用量	$M_B = 0.25 \Big/ \left(\dfrac{1}{3\,042} + \dfrac{0.24}{1\,000} \right) = 440\left(\text{kg/m}^3 \right)$
水用量	$M_W = 440 \times 0.24 = 105\left(\text{kg/m}^3 \right)$

注：V_I 代表透水混凝土的设计孔隙率；V_G 代表透水混凝土中重矿渣细集料的体积占比；V_S 代表透水混凝土中重矿渣粗集料的体积占比。

表 2-6　基础配合比

材料	水泥	水	粗集料	细集料	减水剂
用量 / （kg/m³）	440	105	889	823	0.88

2.3　拌制、成型及养护工艺

拌制、成型及养护工艺是重矿渣集料透水混凝土制备过程中的关键环节，直接影响混凝土的性能和质量。合理的拌制、成型及养护工艺不仅能够确保混凝土的均匀性和工作性能，还能提高其抗压强度和透水性。本节将详细介绍重矿渣集料透水混凝土的拌制、成型及养护工艺。

2.3.1 拌制工艺

拌制是将各组成材料按照设计的配合比混合均匀的过程，主要包括原材料准备、投料、搅拌等步骤。

1. 原材料准备

原材料准备是整个拌制工艺的基础环节，直接影响到透水混凝土的质量和性能。重矿渣是一种工业副产品，其颗粒形状、粒径分布和物理化学性质对混凝土性能有着重要影响。在使用前，重矿渣集料必须进行筛分和清洗。筛分的目的是去除过细和过粗的颗粒，以保证集料的级配合理，合理的级配能够提高混凝土的密实度和力学性能。清洗则是为了去除集料表面的灰尘、杂质和其他污染物，确保集料的洁净度。洁净的集料能够改善集料与水泥浆的黏结性能，进而提高混凝土的整体性能。清洗后的集料还应进行干燥处理，以避免在后续搅拌过程中影响水灰比的准确控制。

2. 投料

投料过程开始时，操作人员应首先将重矿渣集料和部分水投入搅拌机中。重矿渣集料由于较大的颗粒和较高的比重，需要先与水接触，使其表面得到润湿。这一步骤的目的是使重矿渣集料在搅拌过程中能够更加均匀地分布在混合料中，同时避免在后续投料时水泥和矿物掺和料直接与干燥的集料接触，导致出现黏附不良和混合不均匀的问题。重矿渣集料与部分水投入搅拌机后，操作人员应进行初步的搅拌，使集料表面得到均匀润湿。这一步骤不仅有助于提高集料与水泥浆的黏结力，还能有效减少粉尘的产生，改善工作环境。初步搅拌时间一般控制在 $1 \sim 2$ min，具体时间应根据集料的颗粒大小和含水率进行适当调整。初步搅拌后，集料表面应形成一层均匀的水膜，为后续投料打下良好的基础。

其次，操作人员应逐步加入水泥和矿物掺和料。水泥是混凝土的主要胶凝材料，水泥细颗粒在与水接触后会迅速发生水化反应，生成具有胶凝性能的

30

水化产物。矿物掺和料（如硅灰和粉煤灰）具有填充效果和火山灰活性，能够提高混凝土的密实度和耐久性。在加入水泥和矿物掺和料时，操作人员应注意均匀撒布，避免集中投放导致出现局部混合不均匀的问题。加入水泥和矿物掺和料后，操作人员应进行进一步的搅拌，使各组分初步混合均匀。在这个过程中，水泥和矿物掺和料的细颗粒将逐渐填充到集料之间的空隙中，形成均匀的浆体。这一步骤的搅拌时间一般控制在 2 ～ 3 min，具体时间应根据搅拌机的性能和混合料的均匀程度进行调整。在搅拌过程中，操作人员应注意观察混合料的均匀性，确保没有明显的干粉团块和分层现象。

最后，操作人员应加入剩余的水和外加剂。外加剂（如减水剂和增强剂）能够改善混凝土的工作性能和力学性能，掺量较小但作用显著。其中，减水剂可通过减少用水量提高混凝土的密实度和强度，增强剂则能够提高混凝土的抗裂性和耐久性。在加入外加剂时，操作人员应先将外加剂溶解在水中，然后均匀加入搅拌机中，这样可以确保外加剂在混合料中的均匀分布，避免局部浓度过高或过低影响混凝土性能。加入剩余的水和外加剂后，操作人员应进行最后的搅拌，使混合完全均匀。

3. 搅拌

搅拌的第一阶段（干拌阶段）的主要任务是将重矿渣集料、水泥和矿物掺和料在搅拌机中进行初步混合。具体步骤如下：首先将经过筛分和清洗的重矿渣集料投入搅拌机中；其次依次加入水泥和矿物掺和料，如硅灰和粉煤灰。干拌阶段的目的是使这些干燥的材料在未加水的情况下充分混合，以形成初步均匀的干混料。干拌时间一般控制在 1 ～ 2 min，具体时间应根据搅拌机的性能和材料的均匀程度进行调整。干拌过程应特别注意避免材料分层和离析现象的发生，这要求搅拌机具有良好的混合效果和适当的搅拌速度。

干拌阶段完成后进入湿拌阶段。在湿拌过程中，操作人员应逐步加入水和外加剂，使干混料与水充分接触，形成均匀的湿混料。湿拌的过程是将已经初步均匀的干混料进一步均匀化，同时使水泥和矿物掺和料开始水化反应，形成具有良好工作性能的混合料。加水过程通常先加入部分水，以促进干混料的润湿和初步混合，然后逐步加入剩余的水和外加剂，继续搅拌至混合料完全均匀。湿拌时间一般控制在 3 ～ 5 min，具体时间应根据搅拌机的性能和混合料的均匀程度进行调整。

2.3.2　成型及养护工艺

在成型阶段，操作人员需要先将拌制均匀的混合料倒入模具中。为了确保混合料在模具中均匀分布，操作人员需要注意投料的均匀性和连续性，将混合料分层投放，每层厚度应控制在一定范围内，以避免由于一次性投料过多而导致的混合料分层和离析。投料完成后需要进行振动成型。振动成型的目的是通过振动器的振动作用，使混合料中的空气排出，提高混凝土的密实度和强度。振动时间一般为 30 ～ 60 s，具体时间应根据混合料的工作性能和振动效果进行调整。振动过程应保持均匀的振动频率和幅度，避免过度振动导致混合料分层和离析。振动成型应在混合料倒入模具后尽快进行，以确保混合料的工作性能和成型效果。一些形状复杂或要求较高的透水混凝土制品可以采用压实成型的方法。压实成型可通过压力设备对混合料施加一定的压力，使其成型并提高密实度。压实成型的压力一般为 0.3 ～ 0.5 MPa，具体压力应根据试件的形状和要求进行调整。压实成型过程应注意控制压力的均匀性，避免因局部压力过大导致混合料变形和损坏。

养护是确保混凝土强度和耐久性的重要环节。合理的养护可以促进水泥和矿物掺和料的水化反应，提高混凝土的强度和耐久性。养护方法主要包括自然养护、湿养护和蒸汽养护等。自然养护是在常温条件下进行养护的方法，适用于大多数混凝土制品。自然养护过程应保持环境的温度和湿度稳定，避免混凝土表面干燥和开裂。自然养护时间一般为 7 ～ 28 d，具体时间应根据混凝土的强度增长情况和使用要求进行调整。自然养护的关键是保持混凝土表面的湿润，可以通过覆盖湿布、喷洒水等方法保持表面湿润，防止失水过快影响水化反应。湿养护是在混凝土表面覆盖湿布或将混凝土放置在湿润环境中进行的养护方法。湿养护可以有效防止混凝土表面的干燥和开裂，促进水化反应的进行。湿养护所使用的时间和方法与自然养护相似，但湿养护的效果更好，特别适用于早期强度要求较高的混凝土制品。湿养护过程应定期更换湿布和补充水分，确保混凝土表面始终保持湿润状态。蒸汽养护是通过提高养护环境的温度和湿度来加速混凝土水化反应的养护方法。蒸汽养护适用于需要快速达到强度要求的混凝土制品，如预制构件和高强度混凝土。蒸汽养护的温度一般控制在 $60 \sim 80$ ℃，湿度保持在 90% 以上，养护时间一般为 $12 \sim 24$ h。蒸汽养护过程应注意温度和湿度的控制，避免因温度过高或湿度过低导致出现混凝土表面开裂和强度下降的问题。

2.4　重矿渣透水混凝土的性能测试

本节将前面制备出的标准重矿渣透水混凝土试块脱膜养护 7 d 和 28 d，然后测验其性能，包括透水系数的测试以及抗压强度和抗劈裂强度测试。

2.4.1　混凝土透水系数的测试

对养护 28 d 的透水混凝土进行透水系数测试需依据相关规范和要求进行操作。本节采用 TVC-APC 全自动混凝土透水系数测定仪，确保测试过程的准确性和规范性。测试步骤如下：首先将养护好的试块放入测定仪的量筒中，确保试块与量筒密合，避免漏水现象；其次设定相关测试数据，启动仪器进行排水操作，排水过程结束后，仪器会自动记录和计算透水系数。测试过程中，本节以 50 mm 为标准试块高度，依据这一高度来决定标准的透水系数，这样可以确保测试结果的统一和可比性。计算公式如下：

$$K_{\text{fall}1} = \frac{L}{50} K_{\text{fall}2} \tag{2-7}$$

式中，$K_{\text{fall}2}$ 为仪器测得的透水系数（mm/s）；

L 为试块的高度（mm）；

K_{fall1} 为计算的标准透水系数（mm/s）。

2.4.2　抗压强度的测试

第一，将试块从养护箱中取出，并将试块及测试仪器上的水分擦干。

第二，打开试验机设备，在试验机下压板上将试件成型后的侧面作为底面，并将试件中心线与下压板中心轴重合，当上压板与试件或钢垫板接近时，应及时调整球座，以便在开动试验仪器时使其得到均匀的解除，保证试件受力顺利传输到仪器。

第三，对试验仪器施加均匀的荷载，使下压板均匀地对试块施加压力。

第四，当试块开始破裂并急剧变形时，应该停止对试块施加压力，并且记录数据。

第五，将得到的数据代入式（2-8），计算试块的抗压强度：

$$f = \frac{F}{A} \tag{2-8}$$

式中，*f* 为试件抗压强度（MPa）；

F 为试件荷载最大值（N）；

A 为试件荷载作用面积（mm²）。

2.4.3　抗劈裂强度的测试

第一，将试块从养护箱中取出，并将试块及测试仪器上的水分擦干。

第二，打开压力机设备，对成型后试块的上下两面加压，抗劈裂强度测试要在试块上下面分别在试块的中心轴线处放上两根钢筋，两根钢筋的上下位置重合。开启试验仪器，保证试件受力顺利传输到仪器。

第三，对试验仪器施加均匀的荷载，使下压板均匀地对试块施加压力。

第四，当试块开始破裂并急剧变形时，应该停止对试块施加压力，并且记录数据。

第五，将得到的数据代入式（2-9），计算试块的抗劈裂强度：

$$f = \frac{2F}{\pi A} = 0.637\frac{F}{A} \tag{2-9}$$

式中，f 为试件抗压强度（MPa）；

　　　F 为试件荷载最大值（N）；

　　　A 为试件荷载作用面积（mm^2）。

2.4.4　孔隙率的测试

1. 提取平面孔隙参数

为了提取平面孔隙参数，操作人员应对达到 28 d 养护龄期的试块进行切割。切割使用的是 SCQ-4A 型自动切石机，切割方向垂直于成型方向，切割位置距顶面 50 mm。切割过程应持续向切割处注水，以降低阻力并减少热量积聚，但刀片的厚度会对试件造成一定的损耗。切割后，操作人员应使用 80 目的砂纸打磨试样，使测试面更加平滑，减少误差。打磨后的试样用清水冲洗，去除表面泥浆，得到一个干净的测试面，如图 2-3 所示。试样自然晾干后，操作人员应在光线充足的情况下，用数码相机对测试面进行拍摄，初步获取测试面图片。为了确保图片质量和准确性，拍摄时应注意光线均匀，避免阴影和反光对图片质量的影响。获得高质量的图片后，分析人员利用专业的图像分析软件对这些图片进行分析。图像分析软件能够识别并计算平面孔隙的面积和分布情况，提供详细的孔隙参数。这些参数对于评估透水混凝土的性能具有重要意义。孔隙参数能够直接影响透水混凝土的透水性、强度和耐久性。设计人员通过详细分析孔隙参数，可以优化混凝土配合比和施工工艺，提高混凝土的综合性能。整个过程应确保每一步操作的规范性和精确性，这样最终得到的数据才能准确反映透水混凝土的实际性能。

图 2-3　切割打磨好的试件测试面

2. 重量法测试整体连通孔隙率

采用重量法测试透水混凝土的整体连通孔隙率的具体操作流程如下：将试件从养护箱中取出，在水中浸泡 12 h，然后测量试件在水中的质量，记为 m_2；之后，将试块从水中取出，用烘干机将试块表面吹干，确保表面没有多余的水分残留；接着将试件放置在恒温环境中养护 12 h，确保内部水分和温度达到平衡状态；恒温养护结束后，取出试件并称其质量，记为 m_1，试件的体积用 V 表示。连通孔隙率的计算方法如下：

$$P = \left(1 - \frac{m_1 - m_2}{V} \right) \times 100\% \qquad （2-10）$$

式中，P 为孔隙率（%）；

　　　m_1 为烘干后试件质量（g）；

　　　m_2 为试件在水中的质量（g）；

　　　V 为试件的体积（cm³）。

第3章 水灰比对重矿渣集料透水混凝土性能的影响

重矿渣集料透水混凝土的配合比设计需满足结构要求。一般来说，混凝土越密实，强度越高，孔隙越小，透水性就越差；反之，混凝土越疏松，强度越低，孔隙越大，透水性就越好。因此，透水混凝土在保证一定强度的前提下，应尽可能增加界面的连通孔隙。

水灰比作为透水混凝土的重要指标之一，能够直接影响试件的孔隙率和力学性能。当水灰比过高时，混凝土的流动性提高，胶凝材料在集料表面的厚度变薄，黏结力减弱，从而导致透水混凝土的强度下降。当水灰比太低时，虽然混凝土的厚度增加，强度提高，但是混合料成型较难，不易压实，这种情况可能导致混凝土内部存在未压实的空隙，影响整体性能。因此，合理选择水灰比至关重要。设计人员通过适当调整水灰比，可以在确保混凝土强度的同时，保持良好的透水性。具体来说，水灰比的选择应在不影响混凝土成型和压实的情况下，最大限度地提高混凝土的流动性和黏结力，从而获得既具有足够强度，又具备良好透水性的重矿渣集料透水混凝土。通过系统的试验研究和数据分析，设计人员可以确定最佳的水灰比范围，确保重矿渣集料透水混凝土在实际应用中既能承受荷载又能有效排水，实现环保和性能的双重目标。

3.1 概　　述

为了深入研究水灰比对重矿渣集料透水混凝土性能的影响，本章将通过系统的试验设计来控制不同的水灰比，制备重矿渣集料透水混凝土试件，并对重矿渣集料透水混凝土试件进行性能测试。试验设计包括确定合适的水灰比范围、选择适当的原材料、制定合理的配合比以及严格的试件制备和养护过程。试验设计通过对试件的抗压强度、劈裂抗拉强度、透水性和孔隙率等性能进行测试和分析，找到优化水灰比的科学依据，为实际工程应用提供技术指导和参考。

3.2 重矿渣集料透水混凝土的水灰比试验设计

3.2.1 试验的配合比设计参数

水灰比试验的配合比设计参数主要考虑的是目标孔隙率、水灰比、集料及外加剂的选择，具体内容如下。

1. 目标孔隙率

孔隙率是透水混凝土的关键指标之一，能够直接影响透水混凝土的透水性能和力学性能。根据我国的相关行业规范，透水混凝土的孔隙率应大于10%。这一标准确保了透水混凝土在实际应用中具有足够的透水性，能够有效管理和排放雨水，减轻城市内涝。孔隙率的大小也影响着透水混凝土的强度和耐久性。研究表明，透水混凝土的孔隙率与强度之间存在一定的关系。在保证强度的前提下，合理的孔隙率设计有助于提高透水混凝土的透水性能，使其在实际应用中达到最佳使用效果。

本节设计的透水混凝土的目标孔隙率为 30%。这一孔隙率既能够保证透水混凝土具有良好的透水性能，又能确保其具备足够的力学强度。为了实现这一目标孔隙率，研究人员需要在配合比设计和材料选择上进行科学、合理的规划。通过控制集料的级配、水灰比和胶凝材料的用量，研究人员可以有效调控透水混凝土的孔隙率，使其达到预期的设计目标。

2. 水灰比

为了平衡透水混凝土的强度和透水性，研究人员通过前期的试验和制作，综合研究了不同水灰比对透水混凝土透水性及力学性能的影响。试验结果表明，适中的水灰比能够在保证混凝土强度的同时，提供良好的透水性能。经过综合考虑和研究，我们最终选择 0.20、0.22、0.24 三种水灰比作为研究方向，进行系统的试验和数据分析。选择这三种水灰比是基于多次试验和数据分析的结果。在 0.20 的水灰比下，混凝土的流动性较低，但能够形成较厚的胶凝材料层，提高混凝土的力学强度。然而，由于流动性不足，混合料成型较难，施工中需要更多的振捣和压实工艺，以确保混凝土的均匀性和密实度。在 0.22 的水灰比下，混凝土的流动性和黏结力达到了较好的平衡。此时，集料表面的胶凝材料厚度适中，既能提供足够的黏结力，又能形成较为均匀和密实的结构，从而使混凝土在保持较高强度的同时，具备良好的透水性。试验结果显示，0.22 的水灰比在强度和透水性之间达到了最佳的平衡点，是本节重点研究的水灰比之一。在 0.24 的水灰比下，混凝土的流动性显著提高，在施工中比较容易操作和成型。然而，由于胶凝材料变薄，黏结力减弱，混凝土的强度有所下降。尽管如此，0.24 的水灰比仍能提供较好的透水性，是对比研究中一个重要的参考点，通过与其他两种水灰比进行对比，可以进一步明确水灰比对混凝土性能的影响机制。

3. 集料

集料在透水混凝土的配合比设计中扮演着重要角色。集料粒径和级配能够直接影响混凝土的孔隙率、力学性能以及施工性能。在实际应用中，选择合适的集料粒径和级配是实现透水混凝土优良性能的关键。大颗粒集料虽然能够提供较大的孔隙率，但其带来的施工和力学性能问题也不可忽视。过大的集料使混凝土内部的接触点减少、集料与集料之间的空隙变大，导致混凝土的强度和稳定性下降，混凝土的均匀性也因此受到影响，可能出现局部空隙过大或填充不充分的现象，影响整体性能。相比之下，选用较小粒径的集料可以显著提高透水混凝土的力学性能。较小的集料粒径增加了混凝土的比表面积，使集料与集料及集料与胶凝材料之间的接触点增多，形成更加密实的结构，这不仅提高了混凝土的强度，还提高了耐久性和稳定性。然而，较小的集料粒径也会带来一定的透水性问题，集料粒径越小，孔隙率越小，透水性能相对较差，这会对透水混凝土的应用效果产生负面影响。

为了在透水性能和力学性能之间找到平衡，设计人员综合考虑了不同粒径的集料组合，选用 2.36 ~ 4.75 mm、4.75 ~ 9.50 mm、9.50 ~ 13.20 mm 三种集料粒径进行试验，通过对不同粒径组合进行试验和数据分析，探索最佳的集料级配，使透水混凝土的综合性能达到最优。2.36 ~ 4.75 mm 的集料粒径相对较小，能够提供较高的比表面积和接触点，有助于提高混凝土的强度和密实度。然而，这一粒径范围内的集料透水性能相对较差，需要通过调整配合比和施工工艺来弥补这一缺陷。4.75 ~ 9.50 mm 的集料粒径在透水性和力学性能之间表现出较好的平衡，该粒径范围的集料能够提供足够的孔隙率，保证混凝土的透水性能，其较大的比表面积和接触点也能够维持较高的强度和稳定性。试验数据表明，这一粒径组合的混凝土在透水性和力学性能方面均表现良好，是透水混凝土设计中较为理想的选择。9.50 ~ 13.20 mm 的集料粒径较大，能够显著提高混凝土的孔隙率和透水性能。然而，过大的粒径会导致混凝土的均匀性和密实度变差，影响力学性能和耐久性。

设计人员通过对不同集料粒径组合进行试验和数据分析，可以明确集料粒径对透水混凝土性能的影响。综合考虑各方面因素，2.36～4.75 mm、4.75～9.50 mm、9.50～13.20 mm 三种集料粒径的组合能够在透水性和力学性能之间找到较好的平衡点。合理选择和搭配集料粒径可以在保证透水混凝土具备足够强度的同时，提供良好的透水性能，满足实际应用需求。

集料的选择和搭配不仅能够影响混凝土的物理性能，还会对施工工艺和成本产生影响。较大的集料粒径在施工中易于操作，能够减少混凝土的坍落度损失，提高施工效率。然而，过大的集料需要更多的胶凝材料来填充空隙，增加了材料成本。较小的集料粒径则需要更高的施工技术和工艺，以确保混凝土的均匀性和密实度。在实际工程应用中，根据具体的使用环境和性能要求，选择合适的集料粒径和级配至关重要。通过科学、合理的配合比设计和施工工艺优化，设计人员可以实现透水混凝土的最佳性能，满足不同场景下的应用需求。研究表明，合理选择和搭配集料粒径，不仅能够提高透水混凝土的综合性能，还能有效降低施工成本，提高施工效率，为绿色建筑和环境保护提供可靠的材料和技术支持。

4. 外加剂

在透水混凝土的配合比设计中，外加剂的应用对改善混凝土的性能起着至关重要的作用。本试验中使用的外加剂主要包括增强剂和减水剂。增强剂的作用是提高混凝土的力学性能，减水剂则用于改善混凝土的密实度，提高其工作性能。

增强剂采用的是金石材料透水混凝土增强剂，其掺量为水泥用量的 3.5%。这种增强剂能够显著提高透水混凝土的抗压强度和抗拉强度。增强剂通过独特的化学成分和物理特性，可与水泥和集料形成强有力的黏结，增强混凝土的整体性能。试验表明，添加了金石材料透水混凝土增强剂的混凝土试件的力学性能得到了显著提升，抗压强度和抗拉强度均比未添加增强剂的试件有明显提高。金石材料透水混凝土增强剂不仅能够提高混凝土的强度，还可以改善其耐久性和抗冻融性能。在寒冷地区，混凝土结构容易受到冻融循环的破坏，加入增强剂后，混凝土内部结构更加紧密，抗冻融能力明显增强。试验数据表明，添加增强剂的透水混凝土在多次冻融循环后的强度保持率显著高于未添加增强剂的试件。这种增强剂通过填充和修复混凝土内部的微裂缝和孔隙，提高了混凝土的密实度和耐久性。

减水剂采用的是聚羧酸高性能减水剂，掺量为胶水泥用量的 0.2% 左右。减水剂的作用是减少混凝土拌和物中的用水量，同时提高混凝土的流动性和可操作性。聚羧酸高性能减水剂能够在混凝土拌和物中形成良好的分散效果，使水泥颗粒和集料颗粒均匀分布，防止混凝土出现离析和泌水现象。通过减少水灰比，减水剂能够提高混凝土的强度和密实度，改善其耐久性。试验表明，加入聚羧酸高性能减水剂后，透水混凝土的工作性能得到了显著改善，拌和物的流动性增强，施工过程更加容易操作和成型，混凝土表面光滑，内部结构均匀。减水剂的使用还能够降低混凝土的坍落度损失，确保在施工过程中保持良好的工作性能。试验数据表明，加入减水剂的透水混凝土，其抗压强度和抗拉强度均有不同程度的提高，尤其是在高温和高湿度环境下，减水剂的效果更加显著。减水剂的应用不仅可以提高混凝土的力学性能，还能够改善耐久性和抗侵蚀性能。透水混凝土在长期的使用过程中，容易受到水和其他侵蚀性介质的影响，导致结构劣化。加入减水剂后，混凝土内部结构更加密实，抗渗透能力增强，减少了侵蚀性介质的渗透和破坏。试验数据表明，添加减水剂的透水混凝土在长期浸水和盐侵蚀试验中的性能表现优于未添加减水剂的试件。

在具体应用中，增强剂和减水剂的合理搭配使用可以显著提高透水混凝土的综合性能。通过调整外加剂的掺量和配合比，研究人员可以在保证混凝土强度的同时，改善透水性能和耐久性。试验结果表明，金石材料透水混凝土增强剂和聚羧酸高性能减水剂的组合使用能够在不同的环境条件下提供优异的性能表现，满足各种工程需求。在试验过程中，研究人员通过系统的试件制备和性能测试，详细研究了增强剂和减水剂对透水混凝土性能的具体影响，对试件的抗压强度、抗拉强度、透水性和耐久性等性能指标均进行了详细测试和分析。试验数据表明，合理使用增强剂和减水剂不仅可以提高透水混凝土的力学性能，还能显著改善其施工性能和耐久性，为实际工程应用提供科学依据和技术指导。

3.2.2　试验的配合比设计方法

目前，透水混凝土的配合比设计主要有四种方法：质量法、计算公式法、比表面积法和体积法。本节采用体积法计算配合比。

体积法以混凝土的表观体积为研究对象。在透水混凝土中，集料和水泥等胶凝材料紧密地堆叠在一起，水泥等胶凝材料将集料完全包裹，并将集料之间的孔隙填满。在硬化之后，材料会形成一种多孔堆聚结构，其中没有被胶凝材料填满的孔隙就是设计的目标孔隙。透水混凝土的体积可以看作各种材料的表观体积与孔隙体积的总和。体积法的基本原理如下：

$$P + \frac{M_G}{\rho_G} + \frac{M_C}{\rho_C} + \frac{M_w}{\rho_w} = 1 \qquad （3-1）$$

式中，P 为目标孔隙率（%）；

M_G 为每立方米集料的用量（kg/m³）；

M_C 为每立方米水泥的用量（kg/m³）；

M_w 为每立方米水的用量（kg/m³）；

ρ_G 为集料表观密度（kg/m³）；

ρ_C 为水泥的表观密度（kg/m³）；

ρ_w 为水的表观密度（kg/m³）。

体积法通过系统化的计算和科学的设计，确保了透水混凝土在实际应用中的优越性能。具体来说，采用体积法进行配合比设计时，设计人员需要精确测量和计算各组分的体积和密度。通过这一方法，设计人员可以优化混凝土的内部结构，使其既具有足够的强度，又具备良好的透水性能。在应用体积法设计透水混凝土的配合比时，设计人员首先需要确定目标孔隙率 P，这一参数能够直接影响混凝土的透水性能和强度。根据目标孔隙率 P，设计人员可以计算每立方米混凝土中集料、水泥和水的用量。每立方米集料的用量 M_G 可通过集料的表观密度 ρ_G 和目标孔隙率 P 确定，每立方米水泥的用量 M_C 和每立方米水的用量 M_w 则分别由水泥的表观密度 ρ_C 和水的表观密度 ρ_w 决定。具体的计算步骤如下。

第一，确定每立方米集料的用量。通过集料的表观密度 ρ_G 和目标孔隙率 P，计算每立方米混凝土中所需的集料用量 M_G。此步骤至关重要，因为集料的选择和用量能够直接影响混凝土的孔隙结构和力学性能。

第二，计算每立方米水泥的用量。根据水泥的表观密度 ρ_C 和所需的胶凝材料体积，确定每立方米混凝土中所需的水泥用量 M_C。水泥的用量需要考虑目标强度和施工要求，以确保混凝土的黏结性能和硬化后的强度。

第三，确定每立方米水的用量。通过水的表观密度 ρ_W 和所需的水灰比，计算每立方米混凝土中所需的水的用量 M_W。水的用量能够直接影响混凝土的流动性和施工性能，还能影响硬化后的强度和孔隙结构。

在实际操作中，精确测量和计算各组分的用量至关重要。通过这种方式，设计人员可以实现混凝土的优化设计，使其既能满足透水性要求，又能确保足够的强度和耐久性。体积法的应用不仅在实验室中得到验证，也在实际工程中展示出显著效果。

采用体积法进行透水混凝土的配合比设计，不仅可以提高材料的利用效率，还能有效降低施工成本。科学、合理的设计和计算能确保混凝土在各种环境条件下均表现出优异的性能，满足不同工程的需求。体积法的应用为透水混凝土的广泛推广和应用提供了技术支持和理论基础。

3.2.3　配合比计算示例

下面以集料粒径为 2.36 ~ 4.75 mm、孔隙率为 0.3、水灰比为 0.20 为例，计算透水混凝土的配合比。计算所需原材料的具体参数见表 3-1 和表 3-2 所列。

表 3-1　普通硅酸盐水泥的性能

水泥品种	密度 /（g/cm³）	比 表 面 积 /（m²/kg）	凝结时间 /min		抗压强度 /MPa	抗折强度 /MPa
			初凝	终凝		
P·O42.5	3.1	≥ 300	≥ 45	≤ 390	≥ 42.5	≥ 6.5

表 3-2　重矿渣集料的基本性能

集料粒径 /mm	表观密度 /（kg/m³）	堆积密度 /（kg/m³）	吸水率 /%
2.36 ～ 4.75	2 630	1 310	6.05
4.75 ～ 9.50	2 640	1 260	5.37
9.50 ～ 13.20	2 610	1 370	3.95

设每立方米水泥用量为 x，根据水灰比可知，每立方米水的用量为 $0.2x$。将上述参数代入式（3-1），可得

$$P+\frac{M_G}{\rho_G}+\frac{M_C}{\rho_C}+\frac{M_W}{\rho_W}=0.3+\frac{1310}{2\,630}+\frac{x}{3\,100}+\frac{0.2x}{1\,000}=1$$

解得 $x=386.35$，即每立方米水泥的用量为 386.35 kg/m³，每立方米水的用量为 77.27 kg/m³。增强剂和减水剂的用量分别为 13.52 kg/m³（3.5%M_C）和 0.77 kg/m³（0.2%M_C）。

根据上面的计算，我们得到了集料粒径为 2.36 ～ 4.75 mm、孔隙率为 0.3、水灰比为 0.20 的透水混凝土中各种材料的用量，编号为 W20-A。其中，W 表示水灰比，20 表示水灰比为 0.20，A 表示集料粒径为 2.36 ～ 4.75 mm。不同配合比各种材料的用量见表 3-3 所列，编号规则可参考 W20-A。

表3-3 不同配合比各种材料的用量

编号	水灰比	集料粒径 /mm	各组分用量 / (kg/m³)				
			集料	水泥	水	增强剂	减水剂
W20-A		2.36 ～ 4.75	1 310	386.35	77.27	13.52	0.77
W20-B	0.20	4.75 ～ 9.50	1 260	426.16	85.23	14.92	0.85
W20-C		9.50 ～ 13.20	1 370	335.06	67.01	11.73	0.67
W22-A		2.36 ～ 4.75	1 310	372.11	81.86	13.02	0.74
W22-B	0.22	4.75 ～ 9.50	1 260	410.45	90.30	14.37	0.82
W22-C		9.50 ～ 13.20	1 370	323.02	71.00	11.30	0.65
W24-A		2.36 ～ 4.75	1 310	358.68	86.13	12.36	0.72
W24-B	0.24	4.75 ～ 9.50	1 260	395.85	95.01	13.85	0.79
W24-C		9.50 ～ 13.20	1 370	311.24	74.70	10.89	0.62

3.3 试验性能分析

　　配合比设计完成后，设计人员需要通过一系列试验验证其合理性和有效性。试件的性能测试是关键步骤，包括抗压强度、劈裂抗拉强度、透水性和孔隙率等性能指标的测试和分析。通过这些测试，设计人员可以全面了解不同配合比下混凝土的性能表现，并根据试验数据进行优化和调整。试验数据表明，合理的配合比设计能够显著提高透水混凝土的综合性能。此外，通过调整集料的级配和水灰比，设计人员可以进一步优化混凝土的内部结构，提高其施工性能和使用寿命。

3.3.1　透水混凝土的抗压强度分析

试验测得的透水混凝土的抗压强度见表 3-4 所列。

表 3-4　透水混凝土的抗压强度　　　　　　　　　　单位：MPa

序号	第一个试件	第二个试件	第三个试件	平均强度
W20-A	9.04	10.46	9.68	9.73
W20-B	12.00	13.41	11.65	12.35
W20-C	6.54	7.55	8.26	7.45
W22-A	7.65	7.14	6.32	7.03
W22-B	19.01	20.19	20.49	19.90
W22-C	10.56	12.57	11.37	11.50
W24-A	18.22	10.21	14.56	14.33
W24-B	18.20	22.30	23.70	21.40
W24-C	4.49	6.77	6.98	6.08

由表 3-4 可以看出，透水混凝土的集料粒径在 4.75 ～ 9.50 mm 时的抗压强度较高，混凝土的水灰比增加，透水混凝土的强度也相应增加。

1. 集料粒径对抗压强度的影响

集料粒径对抗压强度的影响如图 3-1 所示。

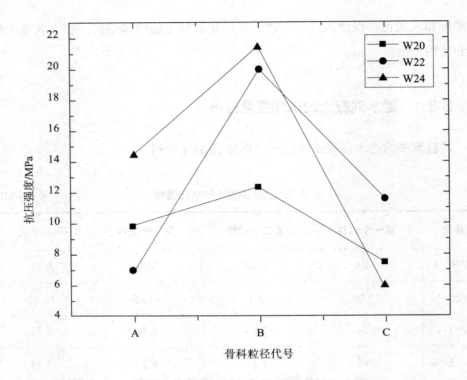

图 3-1　集料粒径对抗压强度的影响

由图 3-1 可知，随着重矿渣集料粒径的增大，透水混凝土的抗压强度先增大后减小，集料粒径为 4.75 ～ 9.50 mm（集料粒径代号为 B）时，透水混凝土的抗压强度达到峰值，分别为 12.35 MPa、19.90 MPa、21.40 MPa。分析其原因，当集料粒径为 2.36 ～ 4.75 mm 时，单位体积内集料粒径增大，总的比表面积变大，在相同浆体条件下，表面裹浆较薄，对于单一级配透水混凝土而言，单位体积内集料的接触点减少，力学性能降低；当集料粒径变为 9.50 ～ 13.20 mm 时，单位体积内集料粒径减小，总的比表面积减少，集料颗粒间的咬合力减小，集料与浆体之间的接触面相对变少，力学性能也相应降低。

2. 水灰比对抗压强度的影响

水灰比对抗压强度影响如图 3-2 所示。

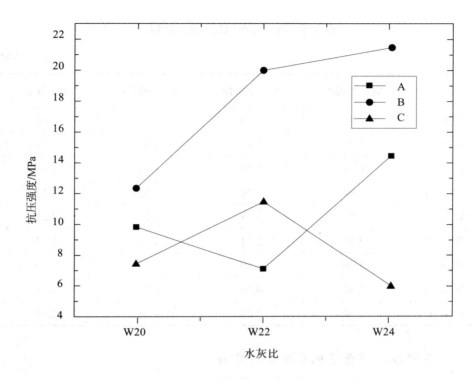

图 3-2　水灰比对抗压强度的影响

由图 3-2 可知，当集料粒径为 4.79 ～ 9.50 mm（图中曲线 B）时，随着水灰比的增加，透水混凝土的抗压强度也增大，当透水混凝土的水灰比为 0.24 时，透水混凝土的整体抗压强度最大，这是因为水灰比的增加会使浆体量增多，可以更好地包裹集料。当集料粒径为 9.50 ～ 13.20 mm（图中曲线 C）、水灰比为 0.24 时，由于集料自身的吸水以及集料颗粒太大，试块成型较困难，无法正常插捣，使混凝土的强度降低。

3.3.2　透水混凝土的劈裂抗拉强度分析

试验测得的透水混凝土的劈裂抗拉强度见表 3-5 所列。

表 3-5　透水混凝土的劈裂抗拉强度

单位：MPa

序号	第一个试件	第二个试件	第三个试件	平均强度
W20-A	2.57	2.19	1.34	2.03
W20-B	2.07	2.63	3.05	2.58
W20-C	1.78	1.56	1.56	1.63
W22-A	1.94	2.26	2.31	2.17
W22-B	3.26	3.15	2.17	2.86
W22-C	2.55	2.71	1.80	2.35
W24-A	3.46	2.89	2.94	3.10
W24-B	3.64	4.04	3.75	3.81
W24-C	1.96	1.57	1.43	1.65

1. 集料粒径对劈裂抗拉强度的影响

集料粒径对劈裂抗拉强度的影响如图 3-3 所示。

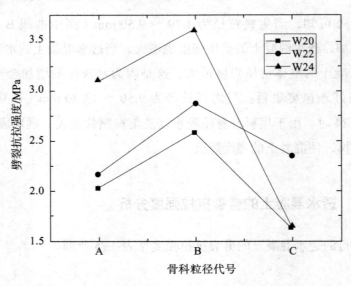

图 3-3　集料粒径对劈裂抗拉强度的影响

由图 3-3 可知，随着集料粒径的增大，三种水灰比的透水混凝土的劈裂抗拉强度均先增大后减小，透水混凝土集料粒径为 4.75 ~ 9.50 mm（集料粒径代号为 B）时，透水混凝土的劈裂抗拉强度达到最大，分别为 2.58 MPa、2.86 MPa、3.81 MPa。当集料粒径为 2.36 ~ 4.75 mm（集料粒径代号为 A)时，总的比表面积增大，浆体无法完全包裹，集料出现掉渣现象，对整体劈裂抗拉强度的影响较大；集料粒径为 9.50 ~ 13.20 mm（集料粒径代号为 C）时，总的集料与集料之间、集料与浆体之间的接触面积较小，无法完全包裹，整体劈裂抗拉强度降低。

2. 水灰比对劈裂抗拉强度的影响

水灰比对劈裂抗拉强度的影响如图 3-4 所示。

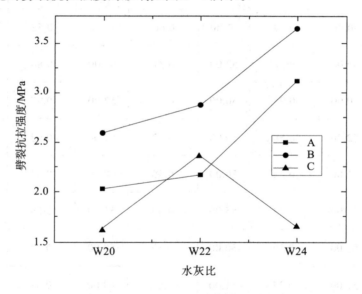

图 3-4　水灰比对劈裂抗拉强度的影响

由图 3-4 可知，当集料粒径分别为 2.36 ~ 4.75 mm 和 4.75 ~ 9.50 mm（图 3-4 中曲线 A 和 B)时，随着水灰比的增加，试件的整体劈裂抗拉强度增大，当水灰比达到 0.24 时，劈裂抗拉强度分别达到 3.10 MPa、3.81 MPa。这是因为，随着水灰比的增加，浆体的流动性提高，集料与浆体之间的黏结性能较好，试件整体的连接性较好，使混凝土的劈裂抗拉强度增强。

3.3.3 透水性能的分析

试验测得的重矿渣透水混凝土的透水系数见表3-6所列。

表3-6 重矿渣透水混凝土的透水系数

编号	第一个试件		第二个试件		第三个试件		平均透水系数 /（mm/s）
	尺寸 /mm	透水系数 /（mm/s）	尺寸 /mm	透水系数 /（mm/s）	尺寸 /mm	透水系数 /（mm/s）	
W20-A	50.00	0.49	51.00	0.60	51.00	0.52	0.53
W20-B	49.00	0.82	52.00	0.81	51.00	0.88	0.84
W20-C	50.00	0.95	50.00	0.98	52.00	0.87	0.93
W22-A	52.00	0.58	50.00	0.62	51.00	0.62	0.61
W22-B	51.00	0.53	50.00	0.56	50.00	0.43	0.51
W22-C	52.00	0.73	55.00	0.69	51.00	0.64	0.69
W24-A	52.00	0.59	50.00	0.50	50.00	0.62	0.57
W24-B	51.00	0.37	51.00	0.44	49.00	0.31	0.37
W24-C	51.00	0.76	50.00	0.77	51.00	0.84	0.79

1.集料粒径对透水性能的影响

集料粒径对透水性能的影响如图3-5所示。

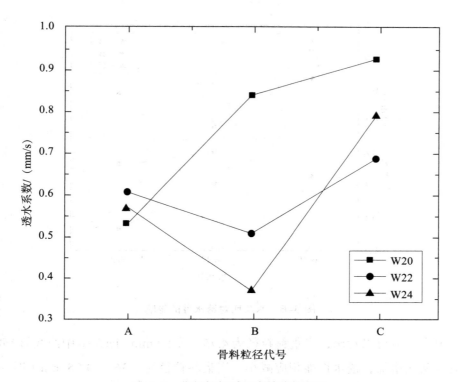

图 3-5　集料粒径对透水性能的影响

由图 3-5 可以看出，重矿渣透水混凝土在不同集料粒径下的透水系数表现情况不一样。当水灰比为 0.20 时，随着集料粒径的增大，试件的透水系数呈持续增长的趋势；当水灰比为 0.22 和 0.24 时，透水系数随着集料粒径的增大先减小后增大。出现这一现象的原因与集料状态有关，集料本身由于具有透水性，因此对于不同状态的集料，透水性能不一样。对于重矿渣透水混凝土来说，集料粒径越大，透水率也越大；相反，集料粒径越小，透水率也相应变小。因此，根据实际使用条件选择合适的集料，对制备重矿渣透水混凝土至关重要。

2. 水灰比对透水性能的影响

水灰比对透水性能的影响如图 3-6 所示。

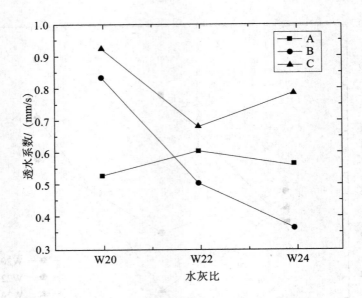

图 3-6 水灰比对透水性的影响

由图 3-6 可以看出，当集料粒径为 4.75 ~ 9.50 mm（图 3-6 中曲线 B）时，随着水灰比增加，透水性能相应减小。当集料粒径为 2.36 ~ 4.75 mm（图 3-6 中曲线 A）时，透水性能变化较慢，这是由于集料粒径较小，表面积也小，与浆体的接触面较少，不能形成很好的状态。对于透水混凝土来说，根据实际使用环境条件选择合适的水灰比，对制备重矿渣透水混凝土至关重要。

3.3.4　有效孔隙率的测试

试验对重矿渣透水混凝土的有效孔隙率分析见表 3-7 所列。

表 3-7　重矿渣透水混凝土的有效孔隙率分析

序号	试件自然干的状态 /kg	有效孔隙率 /%
W20-A	1.89	31.0
W20-B	1.89	30.0
W20-C	1.63	34.0

序号	试件自然干的状态 /kg	有效孔隙率 /%
W22-A	1.89	36.0
W22-B	1.84	24.0
W22-C	1.98	30.0
W24-A	1.63	27.0
W24-B	1.68	19.0
W24-C	1.81	30.6

1. 水灰比对有效孔隙率的影响

水灰比对有效孔隙率的影响如图 3-7 所示。

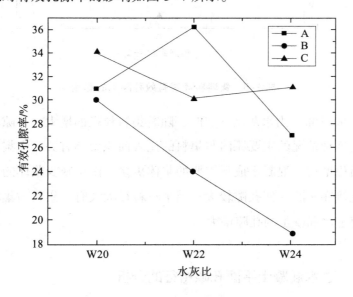

图 3-7　水灰比对有效孔隙率的影响

由图 3-7 可以看出，当集料粒径为 4.75 ～ 9.5 mm（图中曲线 B）时，有效孔隙率随着水灰比的增加呈现降低趋势；当集料粒径为 2.36 ～ 4.75 mm 时（图 3-7 中曲线 A），有效孔隙率随着水灰比的增加先升高后降低。升高的原因是当试件成型时，成型压力的不同造成了结构的松散，使结构没有很好地连接在一起。

2.集料粒径对有效孔隙率的影响

集料粒径对有效孔隙率的影响如图 3-8 所示。

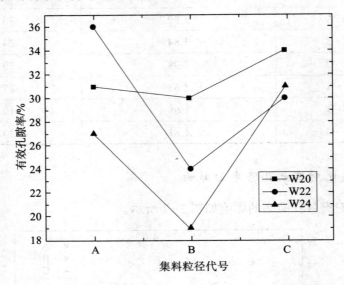

图 3-8 集料粒径对有效孔隙率的影响

由图 3-8 可知，当水灰比一定时，随着集料粒径的增大，孔隙率先减小后增大，出现这种情况的主要原因与集料的比表面积大小有关。当集料粒径太小时，比表面积增大，混凝土成型需要的浆体更多，由于缺少浆体的包裹，混凝土内部没连接在一起，使孔隙较大；当集料粒径太大时，集料与集料之间的孔隙较大，使透水混凝土的孔隙增大。

3.3.5 透水混凝土平面孔隙特征的分析

试验用 Image-Pro Plus 软件对试件图片进行处理，得到相关信息，具体见表 3-8 所列。

表 3-8　透水混凝土平面孔隙特征信息

序号	孔隙个数 /个	孔隙总面积 / mm²	平均孔隙大小 / mm²	孔隙占比 /%
W20-A	673	2 756.34	4.37	38.15
W20-B	315	1 698.23	5.36	23.46
W20-C	51	2 235.44	43.83	30.94
W22-A	289	3 506.29	12.13	48.53
W22-B	371	2 054.79	5.54	28.44
W22-C	45	2 599.29	57.76	35.98
W24-A	362	2 798.97	7.73	38.74
W24-B	297	1 577.94	5.31	21.84
W24-C	38	2 102.45	55.33	29.13

以序号 W20-B 为例，绘制的 W20-B 孔隙的等效面积分布直观图如图 3-9 所示。序号为 W20-B 的透水混凝土共观测到 315 个孔，从图 3-9 可以看出，W20-B 的等效面积主要集中在小于或等于 1 mm² 的范围内，频数高达 173 个，占整体的 55%；等效面积大于或等于 10 mm² 的频数为 44 个，占整体的 14%。由于集料与集料之间的浆体包裹不完整，试件之间会出现少数的大孔隙，产生的等效面积较大。从整体来看，当集料粒径为 2.36 ~ 4.75 mm 和 4.75 ~ 9.50 mm 时，等效面积主要分布在小于或等于 1 mm² 的范围内，这是由于集料自身的颗粒小，浆体能够更好地包裹集料；当集料粒径为 9.50 ~ 13.20 mm 时，有效面积主要分布在大于或等于 10 mm² 的范围内，这是由于集料自身颗粒大，整体等效面积就大。

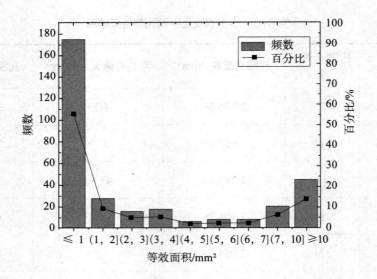

图 3-9　W20-B 孔隙的等效面积图

1. 集料粒径与平面孔隙的关系

集料粒径与平面孔隙的关系如图 3-10 所示。

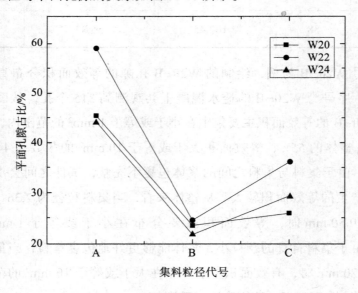

图 3-10　集料粒径与平面孔隙的关系

由图 3-10 可知，当集料粒径为 4.75 ～ 9.50 mm（集料粒径代号为 B）时，孔隙面积相对较小，这是由于随着集料粒径的增大，集料之间既可充当粗集料也可以充当细集料，能够更好地包裹试件，使集料与集料之间、集料与浆体之间的接触更加完整。当集料粒径为 2.36 ～ 4.75 mm（集料粒径代号为 A）时，由于集料太小，集料之间的缝隙小，处理起来麻烦，整体孔隙率偏高。

2. 水灰比与平面孔隙的关系

水灰比与平面孔隙的关系如图 3-11 所示。

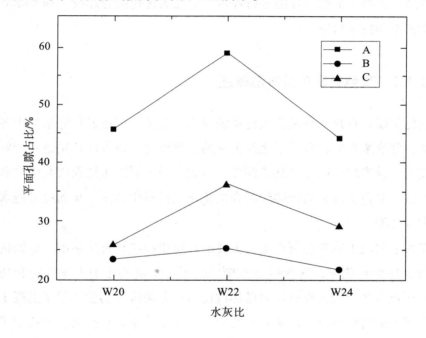

图 3-11　水灰比与平面孔隙的关系

由图 3-11 可知，透水混凝土试件的平面孔隙率随着水灰比的增加先升高后降低。升高是由于水泥的水化反应不完整，浆体没有完全包裹，使孔隙较大；降低是由于水灰比的增加使集料与浆体之间的接触面更加充足，能够填充孔隙，使试件的平面孔隙率降低。

3.4 基于灰色关联分析的重矿渣集料透水混凝土性能的综合评价

灰色关联分析是一种用于评价和分析系统各因素之间关系的有效方法，特别适用于数据不充分或系统复杂的情况。本节采用灰色关联分析方法，对重矿渣集料透水混凝土的综合性能进行评价，旨在为优化配合比设计和实际应用提供科学依据和技术指导。

3.4.1 灰色关联分析方法概述

灰色关联分析是一种基于灰色系统理论的方法，可通过计算系统中各因素之间的关联度来判断这些因素之间关系的紧密程度。该方法特别适用于解决信息不完全、样本较小的复杂系统问题，因此在透水混凝土性能研究中具有重要应用价值。灰色关联分析能够为配合比优化提供科学依据，从而提升透水混凝土的综合性能。

在透水混凝土的性能研究中，主要的评价指标包括抗压强度、劈裂抗拉强度、透水性和孔隙率，这些指标直接反映了透水混凝土的力学性能和功能特性。抗压强度是混凝土抵抗压缩破坏的能力；劈裂抗拉强度反映了混凝土在拉应力作用下的抗破坏能力；透水性是透水混凝土的重要特性之一，决定了它在雨水管理和地下水补给中的作用；孔隙率则影响着混凝土的密实度和耐久性。选择这些指标作为评价标准，可以全面、科学地评估不同配合比对透水混凝土性能的影响。

由于各指标的量纲不同，直接比较会导致分析结果的偏差。因此，分析人员需要对数据进行无量纲化处理，使各项指标处于同一量级，以便进行合理的比较和分析。标准化处理的常用方法是将每个指标的数值按比例转化为 0 ~ 1

的数值，即将原始数据通过最大值和最小值的差值进行缩放。具体公式如下：

标准化后的数值 =（原始数值 − 最小值）÷（最大值 − 最小值）

通过这种处理，分析人员可以消除量纲对结果的影响，使各指标具有可比性。

关联度是衡量不同配合比与理想配合比之间相似程度的指标，反映了各配合比对透水混凝土综合性能的影响。计算关联度的方法有多种，灰色关联分析模型是其中常用的一种。具体步骤如下：首先，确定理想配合比，理想配合比是指在所有评价指标上均表现最佳的配合比，各项指标的数值可以通过试验数据或理论分析得到；其次，计算每个实际配合比与理想配合比之间的绝对差值，绝对差值越小，说明实际配合比与理想配合比越接近，关联度越大；最后，利用灰色关联分析模型计算关联度。具体公式为

关联度 =（最小差值＋区分系数 × 最大差值）

÷（绝对差值＋区分系数 × 最大差值）

通过这种计算，分析人员可以得到每个配合比的关联度值。

计算出的关联度值越大，说明该配合比在各项性能指标上与理想配合比越接近，综合性能越好。通过比较各配合比的关联度，分析人员可以确定哪种配合比最优，进而指导透水混凝土的实际配制。在实际应用中，分析人员还可以根据具体工程需求，调整评价指标的权重，以得到更加符合工程实际的优化结果。灰色关联分析不仅可以应用于透水混凝土的配合比优化，还可以用于其他复杂系统的分析和优化。在透水混凝土研究中，灰色关联分析可以系统、全面地评估各因素对混凝土性能的影响，找出最佳的配合比，从而提高混凝土的力学性能和功能特性。

3.4.2　评价指标的选取与标准化处理

本节选择抗压强度（C_i）、劈裂抗拉强度（T_i）、透水性（P_i）和孔隙率（V_i）作为评价指标，为使数据无量纲化，本节采用极值标准化方法处理数据：

$$X_i = \frac{X_i - \min(X)}{\max(X) - \min(X)} \qquad （3-2）$$

式中，X_i 为标准化后的数据；

$\min(X)$ 和 $\max(X)$ 分别为该指标的最小值和最大值。

3.4.3　关联度的计算

本节以理想配合比的各指标值为参考序列 X_0，各测试配合比的指标值为比较序列 X_i。参考序列与比较序列之间差的绝对值为

$$\Delta_i(k) = \left| X_0(k) - X_i(k) \right| \qquad （3-3）$$

式中，$\Delta_i(k)$ 为第 i 个配合比在第 k 个指标上的差的绝对值。

各指标的最大差值和最小差值为

$$\Delta_{\min} = \min \left[\Delta_i(k) \right] \qquad （3-4）$$

$$\Delta_{\max} = \max \left[\Delta_i(k) \right] \qquad （3-5）$$

根据灰色关联度公式，各指标的关联系数为

$$\xi_i(k) = \frac{\Delta_{\min} + \rho\Delta_{\max}}{\Delta_i(k) + \rho\Delta_{\max}} \qquad （3-6）$$

式中，ρ 为分辨系数，通常取值为 0.5。

各配合比的综合关联度为

$$\Gamma_i = \frac{1}{n} \sum_{k=1}^{n} \xi_i(k)$$

式中，Γ_i 为第 i 个配合比的综合关联度；

n 为评价指标的数量。

3.4.4　综合评价与分析

本节通过计算得到各配合比的综合关联度 Γ_i，对各配合比的综合性能进行排序。综合关联度越大，说明该配合比的综合性能越接近理想配合比，性能越优越。

根据前述步骤，本书对不同水灰比和集料粒径组合的透水混凝土进行了综合评价，结果见表 3-9 所列

表 3-9　各配合比的综合关联度表

序号	综合关联度 Γ_i
W20-A	0.85
W20-B	0.92
W20-C	0.80
W22-A	0.88
W22-B	0.95
W22-C	0.83
W24-A	0.86
W24-B	0.90
W24-C	0.78

根据综合关联度结果可以看出，序号为 W22-B 的配合比综合性能最佳，W20-B 次之。这说明当水灰比为 0.22、集料粒径为 4.75～9.50 mm 时，重矿渣集料透水混凝土的性能最为优越。

3.4.5　应用建议与技术指导

通过灰色关联分析，分析人员能够全面评估不同配合比下透水混凝土的综合性能，并得到具体的综合性能指数。基于这些分析结果，分析人员可以为实际工程中的配合比选择和优化提供科学依据和技术指导。在分析过程中，综合关联度较高的配合比（如 W22-B 和 W20-B）显示出在强度和透水性方面的优越性能。这些配合比不仅满足了基本的强度要求，还具备良好的透水性能，因此在实际应用中应优先考虑使用。

在实际工程中，具体的环境条件和施工要求可能会对配合比的选择和优化提出更高的要求。尽管 W22-B 和 W20-B 在综合性能上表现优异，但实际应用中仍需结合工程现场的具体情况进行适当调整。例如，施工地点的气候条件、基础土壤性质、地下水位以及预期的负荷情况等因素都会对透水混凝土的最终性能产生影响。因此，在选择配合比时，设计人员应充分考虑这些实际条件，进行针对性的调整和优化，以确保混凝土在特定环境中的最佳性能。

在具体应用中，设计人员首先需要对项目的基本要求和环境条件进行详细调查和分析。通过收集和分析相关数据，设计人员可以为配合比的选择提供基础信息。例如，在高降雨量地区，透水性能可能是设计的重点，而在重载交通区域，抗压强度则是首要考虑的因素。基于这些信息，设计人员可以初步确定一些可能满足要求的配合比，然后通过灰色关联分析进行评估，最终选择综合性能最优的配合比。

在应用过程中，设计人员还应注意配合比的可操作性和经济性。某些配合比尽管在实验室条件下表现优异，但其在实际施工中的操作难度和成本可能较高。因此，在选择配合比时，设计人员应综合考虑施工便捷性和经济性，以确保项目的顺利进行和成本控制。通过优化配合比设计，设计人员可以在保证性能的前提下，降低施工难度和成本，提高工程的经济效益。具体到施工环节，设计人员需要严格按照优化后的配合比进行混合料的制备和施工。施工过程中，设计人员应确保各材料的质量和配比准确，避免由于配料误差导致的性能波动。同时，施工人员应熟练掌握透水混凝土的施工工艺（包括搅拌、浇筑、振动和养护等环节），以确保混凝土的均匀性和密实度。

在大规模应用中，设计人员可以建立动态反馈机制，通过实际使用情况的反馈，不断调整和优化配合比。具体做法包括在施工和使用过程中，定期检测混凝土的性能指标（如强度、透水性和耐久性等），并根据检测结果进行调整和优化。通过这种动态优化，设计人员可以确保透水混凝土在不同环境条件下始终保持优良性能。

第 4 章　级配对重矿渣集料透水混凝土性能的影响

重矿渣集料透水混凝土的级配设计在其整体性能中起着至关重要的作用。合理的级配不仅能优化集料之间的填充效果，增加混凝土的密实度，还能有效提升其强度和耐久性。此外，级配对透水混凝土的孔隙结构及其透水性有着显著影响，从而直接影响其在实际工程中的应用效果。尽管已有研究表明不同级配对透水混凝土性能的影响不同，但针对重矿渣集料的相关研究仍较为匮乏。本章将通过系统的试验设计和分析，深入探讨重矿渣集料不同级配对透水混凝土各项性能的影响，旨在为重矿渣集料透水混凝土的级配优化提供科学依据和技术指导，从而提升其在城市雨水管理和环境保护中的应用价值。

4.1　概　　述

重矿渣集料透水混凝土是一种环保材料，它的性能受多种因素影响，其中集料的级配是关键因素之一。集料的级配不仅影响混凝土的孔隙结构，还直接关系到其力学性能和透水性能。集料的合理级配设计，可以有效填充混凝土中的孔隙，提高混凝土的密实度和强度，同时保持良好的透水性能。因此，研究重矿渣集料的级配对透水混凝土性能的影响，具有重要的理论意义和工程应用价值。

4.1.1　级配对透水性能的影响

将重矿渣应用于透水混凝土中，不仅能够有效利用工业废弃物，减少环境污染，还能够赋予混凝土独特的性能优势。透水混凝土是一种具有高孔隙率的混凝土材料，能够有效地促进雨水渗透，减少地表径流，缓解城市内涝问题，同时有助于补充地下水资源。重矿渣作为透水混凝土的集料，不仅能够提高材料的机械性能，还能够改善其透水性和耐久性。重矿渣的物理特性，如高密度和高硬度，使重矿渣在混凝土中表现出优异的力学性能。重矿渣的密度通常高于天然集料，这意味着在相同体积下，重矿渣集料的质量更高，从而提高了混凝土的强度和稳定性。此外，重矿渣的高硬度使其在混凝土中具有良好的耐磨性和抗冲击性，这对于提高透水混凝土的使用寿命和耐久性具有重要意义。

在透水混凝土的配制中，集料的选择和级配设计是影响其性能的关键因素。重矿渣集料由于特殊的形状和表面特性，与传统天然集料存在显著差异，这使得重矿渣集料在透水混凝土中的应用面临一定的挑战。然而，正是这些独特的特性，使得重矿渣在透水混凝土中具有不可替代的优势。

首先，重矿渣集料的形状和表面特性对透水混凝土的孔隙结构有重要影响。重矿渣集料通常具有不规则的形状和粗糙的表面，这有助于在混凝土中形成更多的孔隙和更复杂的孔隙网络，从而提高其透水性能。同时，这种不规则形状和粗糙表面能增强集料与水泥浆的黏结力，提高混凝土的强度和耐久性。然而，这也意味着在混凝土配制过程中，需要对重矿渣集料的级配进行精细调整，以确保其能够在保证透水性的同时，提供足够的力学强度。其次，重矿渣集料的化学成分对透水混凝土的性能有重要影响。重矿渣中富含的氧化钙和氧化镁能够在混凝土硬化过程中形成稳定的碱性环境，能够增强水泥的凝结和硬化过程，从而提高混凝土的强度和稳定性。此外，重矿渣中的硅酸盐和铝酸盐能够在混凝土中形成硅酸盐水化物，这些水化物具有良好的黏结性能和力学性能，能够进一步增强混凝土的综合性能。

4.1.2 级配对孔隙结构的影响

孔隙率是指混凝土中孔隙体积占总体积的百分比，是衡量透水混凝土透水性能的重要指标。孔隙率过大，会导致混凝土强度降低；孔隙率过小，则会影响透水效果。合理调整集料的级配比例，可以在保证孔隙率适宜的情况下，提高混凝土的密实度和强度。重矿渣集料由于其特殊的形状和表面特性，在级配设计上与传统天然集料存在显著差异，因此需要特别考虑重矿渣集料对孔隙结构的影响。

不同级配的重矿渣集料透水混凝土在孔隙结构上存在显著差异，合理的级配能够有效优化孔隙结构，提高混凝土的综合性能。在实际操作中，可以通过调节不同粒径集料的比例，来控制孔隙大小和分布。例如，通过增加小粒径集料的比例，可以填充大粒径集料之间的孔隙，增加混凝土的密实度和强度；通过增加大粒径集料的比例，则可以形成较大的孔隙，增强混凝土的透水性。因此，通过合理的级配设计，可以在透水性和力学性能之间找到一个平衡点，实现透水混凝土的最佳综合性能。具体来说，可以利用数值模拟技术，对不同级配方案进行模拟分析，预测其对混凝土孔隙结构的影响。通过建立混凝土孔隙结构的三维模型，模拟不同级配条件下的孔隙分布情况，进而优化级配设计。这种方法不仅能够提高试验效率，还可以提供更加精确的优化方案，为实际工程应用提供科学依据。

在试验研究和数值模拟的基础上，可以对不同的级配方案进行综合评价，确定最佳级配比例。为了实现这一目标，可以采用灰色关联分析等现代统计方法，对试验数据进行综合分析，评估不同级配对混凝土孔隙结构的影响程度。灰色关联分析是一种多因素综合评价方法，可以通过计算不同因素之间的关联度，评估其对目标变量的影响程度，从而确定最佳优化方案。

4.1.3　级配对力学性能的影响

抗压强度是指混凝土在受压状态下抵抗破坏的能力，是衡量混凝土力学性能的重要指标。高抗压强度意味着混凝土能够承受更大的压力而不发生破坏，这对于承载重物或抵抗外部压力的结构如道路、桥梁等尤为重要。抗折强度是指混凝土在受弯状态下抵抗破坏的能力，它影响混凝土在实际工程中的使用寿命和可靠性。较高的抗折强度能够增强混凝土在受到弯曲、剪切等复合应力条件下的稳定性，减少裂缝和损坏的发生，从而延长其使用寿命。透水混凝土中集料的级配直接影响其力学性能。合理的级配设计能够优化集料之间的填充效果，减少孔隙率，从而提高混凝土的密实度和强度。因此，我们需要在力学性能和透水性能之间找到一个平衡点，通过合理的级配设计实现两者的优化。

在重矿渣集料透水混凝土的配制中，集料的粒径分布和比例对其力学性能有着显著影响。重矿渣集料由于其高密度和高硬度，能够在混凝土中提供良好的骨架作用，提高混凝土的强度。重矿渣集料和天然集料在混凝土中的填充效果和力学性能表现有所不同，需要合理选择。

首先，较大粒径的集料在混凝土中能够形成骨架结构，提供主要的承载作用。然而，如果仅使用大粒径集料，混凝土中的孔隙率较高，密实度较低，力学性能不佳。因此，需要通过增加小粒径集料的比例，填充大粒径集料之间的孔隙，提高混凝土的密实度和强度。合理的级配设计能够在混凝土中形成既有骨架作用又有填充效果的孔隙结构，从而显著提高抗压强度和抗折强度。其次，重矿渣集料的形状和表面特性对力学性能也有重要影响。重矿渣集料具有的不规则的形状和粗糙的表面可能导致集料之间的摩擦力增大，影响其在混凝土中的排列和填充效果。因此，在级配设计中，需要综合考虑集料的形状和表面特性，通过调整不同粒径集料的比例，优化其在混凝土中的排列和填充效果，从而提高力学性能。

在试验研究中，通过对不同级配的重矿渣集料透水混凝土试样进行抗压强度和抗折强度测试，发现合理的级配设计能够显著提高其力学性能。试验结果表明，当大粒径集料与小粒径集料的比例适当时，混凝土的抗压强度和抗折强度均有显著提高。同时，不同级配对重矿渣集料透水混凝土的力学性能影响程度不同。一般来说，增加小粒径集料的比例能够显著提高混凝土的抗压强度，而对抗折强度的影响相对较小。这是因为抗压强度主要依赖于混凝土的整体密实度和集料的承载作用，而抗折强度则更多地受混凝土内部结构和集料黏结力的影响。因此，在级配设计中，需要综合考虑抗压强度和抗折强度的不同需求，合理地调整集料比例，实现力学性能的优化。

在实际工程应用中，提升重矿渣集料透水混凝土的力学性能具有重要意义。高抗压强度和抗折强度能够增强混凝土的承载能力和耐久性，减少维护成本，提升工程质量。例如，在城市道路和广场等公共设施的建设中，透水混凝土的高力学性能不仅能够提高道路的承载能力，减少因重载车辆和外部压力造成的破坏，还能够延长道路的使用寿命，减少维修和更换的频率。此外，透水混凝土的高抗折强度能够增强其在复杂应力条件下的稳定性，减少裂缝和损坏的发生，从而提高工程的整体质量和可靠性。

4.2 重矿渣集料透水混凝土级配试验设计

本书在进行重矿渣集料透水混凝土的级配试验设计时，主要考虑了不同粒径的集料组合对混凝土性能的影响。具体试验设计步骤如下。

4.2.1 材料选取

在配制重矿渣集料透水混凝土时，材料的选择至关重要。正确选择和优化材料不仅能够显著提高混凝土的力学性能和透水性能，还能有效降低工程成本，延长结构的使用寿命。下面将详细探讨重矿渣集料、水泥及外加剂的选取及其对透水混凝土性能的影响。

1. 重矿渣集料的选取

重矿渣是一种工业副产品，主要来自钢铁冶炼过程。它具有高密度、高硬度和丰富的矿物成分，是一种理想的再生集料资源。为了充分利用重矿渣的特性，并确保其在透水混凝土中的性能表现，本书选择了以下三种粒径范围的重矿渣集料。

（1）2.36～4.75 mm：这一粒径范围的小颗粒重矿渣集料具有较好的填充能力，可以填补较大粒径集料之间的空隙，提高混凝土的密实度和强度。

（2）4.75～9.5 mm：中等粒径的重矿渣集料在混凝土中起到骨架作用，提供主要的结构支撑和力学性能。

（3）9.5～13.2 mm：这一粒径范围的大颗粒重矿渣集料能够在混凝土中形成较大的孔隙，增强透水性能，同时提供一定的结构强度。

选择不同粒径范围的重矿渣集料的目的是通过合理的级配设计，实现透水混凝土的最佳综合性能。在试验中，本书通过调整这三种粒径集料的比例，制备出多组不同级配的透水混凝土试样，以研究不同比例的三种粒径集料对孔隙结构、力学性能和透水性能的具体影响。

2. 水泥的选取

水泥是混凝土的主要胶凝材料，直接影响混凝土的强度、耐久性和施工性能。为了保证重矿渣集料透水混凝土的性能，下面选择 P·O 42.5 普通硅酸盐水泥进行介绍。

P·O 42.5 普通硅酸盐水泥具有以下优点。

（1）高强度：P·O 42.5 水泥具有较高的早期强度和后期强度，能够显著提高透水混凝土的抗压强度和抗折强度。

（2）良好的耐久性：P·O 42.5 水泥具有优良的耐久性，能够在恶劣环境下保持稳定的性能，延长透水混凝土的使用寿命。

（3）广泛的适应性：P·O 42.5 水泥适用于各种工程应用，施工性能良好，能够满足透水混凝土的施工要求。

在试验中，应严格控制水泥的用量和搅拌时间，确保每组试样的一致性，以便准确评估不同级配对透水混凝土性能的影响。

3. 外加剂的选取

外加剂是改善混凝土性能的重要材料。合理选择和使用外加剂，可以显著提高透水混凝土的强度、耐久性和施工性能。为了优化重矿渣集料透水混凝土的性能，本书试验选择以下两种外加剂。

（1）金石材料透水混凝土增强剂：这种增强剂的掺量为水泥用量的 3.5%。透水混凝土增强剂能够提高混凝土的密实度和抗压强度，增强其耐久性。同时，增强剂能够改善混凝土的和易性，便于施工。

（2）聚羧酸高性能减水剂：这种减水剂的掺量为水泥用量的 0.2%。聚羧酸减水剂具有优异的减水效果和分散能力，能够显著降低混凝土的水灰比，提高混凝土的强度和耐久性。此外，减水剂能够改善混凝土的流动性和黏聚性，减少泌水和离析现象。

在试验中，应根据不同的设计要求，精确控制外加剂的掺量和搅拌工艺，确保每组试样的一致性和可靠性。

4. 材料选取对透水混凝土性能的影响

合理选择和优化重矿渣集料、水泥及外加剂，可以显著提高透水混凝土的综合性能。在试验中，本书通过调整不同粒径重矿渣集料的比例，结合适量的 P·O 42.5 普通硅酸盐水泥和外加剂，制备出多组透水混凝土试样，系统研究透水混凝土的孔隙结构、力学性能和透水性能。

试验结果表明，不同粒径重矿渣集料的合理组合，能够在混凝土内部形成连续的孔隙通道，提高孔隙率和透水系数，从而优化透水性能。例如，金石材料透水混凝土增强剂和聚羧酸高性能减水剂的适量掺加，能够显著提高混凝土的抗压强度和抗折强度，使混凝土在长期使用中保持优良的性能。

系统的试验研究和数据分析，可以为不同工程需求提供针对性的材料选取和配制方案。例如，在需要快速排水的设施中，可以通过增加大粒径重矿渣集料的比例，结合适量的减水剂，提高透水混凝土的透水系数；在需要提高力学性能的设施中，可以通过增加小粒径重矿渣集料的比例，结合适量的增强剂，提高混凝土的密实度和强度。这种针对性的材料选取和配制优化，可以显著提升重矿渣集料透水混凝土在实际工程中的应用效果。

4.2.2　配合比设计及试验步骤

本书根据体积法计算配合比，设计不同级配组合下的配合比。本试验以序号 W20 为例，分别设计不同级配组合下的配合比。表 4-1 列出了不同级配下的配合比设计。

表 4-1　不同级配下的配合比设计

序号	集料粒径 /mm	各组分用量 / (kg · m⁻³)				
		集料	水泥	水	增强剂	减水剂
W20-A	2.36 ～ 4.75	1 310	386.35	77.27	13.52	0.77
W20-B	4.75 ～ 9.50	1 260	426.16	85.23	14.92	0.85
W20-C	9.50 ～ 13.20	1 370	335.06	67.01	11.73	0.67
W22-A	2.36 ～ 4.75	1 310	372.11	81.86	13.02	0.74
W22-B	4.75 ～ 9.50	1 260	410.45	90.30	14.37	0.82
W22-C	9.50 ～ 13.20	1 370	323.02	71.00	11.30	0.65
W24-A	2.36 ～ 4.75	1 310	358.68	86.13	12.36	0.72
W24-B	4.75 ～ 9.50	1 260	395.85	95.01	13.85	0.79
W24-C	9.50 ～ 13.20	1 370	311.24	74.70	10.89	0.62

1. 材料称量

严格按照表 4-1 中的配合比称量各组分。称量过程中要确保精确度，以避免因配料不准确而影响试验结果。具体步骤如下。

（1）称量水泥：使用精密电子秤称量所需的 P·O 42.5 普通硅酸盐水泥。

（2）称量重矿渣集料：分别称量粒径为 2.36 ～ 4.75 mm、4.75 ～ 9.5 mm、9.5 ～ 13.2 mm 的重矿渣集料。

（3）称量外加剂：按照配合比称量透水混凝土增强剂和聚羧酸减水剂。

（4）称量水：称量用于混合的水量。

2. 混合

使用机械搅拌机将各组分混合均匀。具体步骤如下。

（1）加入水泥：将称量好的水泥倒入搅拌机中。

（2）加入重矿渣集料：按顺序加入不同粒径的重矿渣集料，确保均匀分布。

（3）加入外加剂：将透水混凝土增强剂和聚羧酸减水剂加入搅拌机中。

（4）加入水：最后加入称量好的水。

（5）搅拌：启动机械搅拌机，搅拌 3 ～ 5 min，确保各组分充分混合均匀。

3. 成型

将混合料倒入模具中，使用振动台振动成型。具体步骤如下。

（1）准备模具：在模具内部涂抹一层薄薄的脱模剂，以便成型后顺利脱模。

（2）倒入混合料：将混合好的透水混凝土倒入模具中，注意均匀填充，避免气泡和空隙。

（3）振动成型：将装满混合料的模具放置在振动台上，启动振动台，振动 1 ～ 2 min，确保混合料充分密实。

4. 养护

试件成型后在标准养护室中养护 28 d。具体步骤如下。

（1）初期养护：试件成型后 24 h 内，将其放置在湿润的环境中进行初期养护。

（2）标准养护：24 h 后，将试件移入标准养护室中，在温度为（20±2）℃、相对湿度不低于 95% 的条件下进行标准养护，持续 28 d。

4.3　试验性能分析

本节通过对不同级配组合下的试件进行抗压强度、劈裂抗拉强度、透水性和孔隙率等性能测试，分析各指标的变化规律。

4.3.1　抗压强度分析

抗压强度是衡量透水混凝土力学性能的重要指标之一，它直接影响到混凝土在实际工程应用中的承载能力和耐久性。通过试验测试和分析发现，当集料粒径为 4.75～9.5 mm 时，透水混凝土的抗压强度最高。这表明在这一粒径范围内，集料能够形成较好的骨架结构，提供较高的承载力，为工程应用提供了宝贵的参考。

1. 集料粒径对抗压强度的影响

在透水混凝土的配制中，集料粒径是影响抗压强度的关键因素。集料粒径不仅决定了混凝土的密实度，还影响着集料之间的咬合作用，从而影响混凝土的整体强度。粒径为 4.75～9.5 mm 的集料在透水混凝土中表现最佳的原因如下：首先，这一粒径范围的集料能够在混凝土中形成较为均匀的骨架结构。这种结构不仅能够提供良好的承载框架，还能够有效分散和传递外部荷载，从而提高混凝土的整体强度。集料之间的相互嵌锁和摩擦力也在一定程度上增强了混凝土的抗压性能。其次，粒径为 4.75～9.5 mm 的集料具有适中的颗粒大小，既不会使混凝土的内部空隙过大，也不会因为颗粒过小而导致集料间的接触面积不足。适中的粒径使得集料在混凝土中能够紧密堆积，减少了孔隙率，提高了密实度，从而显著提升了抗压强度。这一粒径范围的集料在混凝土搅拌和成型过程中，能够与水泥浆体形成良好的包裹和黏结，在此同时，水泥浆体能够充分渗透集料的表面和孔隙，形成坚固的界面过渡区。这种良好的界面结合进一步增强了混凝土的抗压强度，确保了混凝土在受压状态下的稳定性和承载能力。

2. 试验方法与数据分析

为了验证不同粒径集料对透水混凝土抗压强度的影响，本书设计了一系列试验，分别制备了不同粒径范围的集料混合料，并按照标准程序进行搅拌、成型和养护。同时，通过抗压强度测试，评估不同粒径组合对混凝土力学性能的影响。如前所述，粒径为 4.75 ~ 9.5 mm 的集料的抗压强度显著高于其他粒径范围的试件。为了进一步分析不同粒径集料对抗压强度的影响，本书采用灰色关联分析方法进行分析。通过对试验数据的统计分析发现，粒径为 4.75 ~ 9.5 mm 的集料对抗压强度的贡献度最高。这一发现为优化透水混凝土配合比设计提供了科学依据，可指导实际工程中的材料选择和配比调整。

3. 微观结构分析

为了深入理解集料粒径对抗压强度的影响机制，本书还进行了微观结构分析，即通过扫描电子显微镜（SEM）和能谱分析（EDS），观察不同粒径集料在混凝土中的分布和界面结合情况。结果显示，粒径为 4.75 ~ 9.5 mm 的集料在混凝土中能够形成较为均匀的分布，且与水泥浆体的结合较为紧密。SEM图像显示，粒径为 4.75 ~ 9.5 mm 的集料表面粗糙度适中，有利于水泥浆体的附着和渗透。EDS 分析进一步表明，这一粒径范围的集料表面富含活性成分，能够与水泥水化产物形成坚固的界面层。这种良好的界面结合是提高抗压强度的重要原因。微观结构分析还揭示了不同粒径集料之间的相互作用，显示粒径为 4.75 ~ 9.5 mm 的集料之间存在良好的嵌锁和填充效应，可形成稳定的骨架结构。这种骨架结构不仅提供了较高的抗压强度，还显著提高了混凝土的耐久性和抗裂性能。

4. 实际工程应用

在实际工程应用中，优化集料粒径选择对于提高透水混凝土的抗压强度具有重要意义。合理选择和调整集料粒径范围，可以在保证透水性的前提下，显著提升混凝土的力学性能，从而延长使用寿命，降低维护成本。具体来说，选择粒径为 4.75 ～ 9.5 mm 的集料，可以使得道路和广场在承受交通荷载时，仍能保持良好的透水效果和稳定性。在高频使用的停车场和人行道等公共设施中，透水混凝土需要具备更高的抗压强度，以抵抗反复荷载和环境侵蚀。优化集料粒径，能够有效地提高这些设施的耐用性，减少因损坏而导致的维修和更换频率。

尽管本书的试验结果表明粒径为 4.75 ～ 9.5 mm 的集料在透水混凝土中表现出最佳的抗压强度，但不同工程应用场景对混凝土性能的要求各异。在未来的研究中，可以进一步探讨不同粒径组合对透水混凝土综合性能的影响，特别是抗压强度与其他性能指标之间的平衡。同时，未来应通过研究不同粒径组合对混凝土抗冻融性能、抗裂性能和耐久性的影响，优化配合比设计，提升透水混凝土在不同环境条件下的综合性能，并结合新型外加剂和改性技术，探索提高透水混凝土抗压强度的创新方法，为透水混凝土在更广泛领域的应用提供技术支持。

4.3.2　劈裂抗拉强度分析

劈裂抗拉强度是评估混凝土抗拉性能的重要指标，尤其对透水混凝土而言，由于其特殊的孔隙结构，抗拉强度通常低于传统混凝土。合理的集料级配不仅可以提高透水混凝土的抗拉强度，还能改善其整体性能。本书通过试验研究不同级配组合对劈裂抗拉强度的影响，探讨如何通过优化集料级配来提升重矿渣集料透水混凝土的抗拉强度。

1. 试验方法

试验选用粒径为 2.36 ～ 4.75 mm、4.75 ～ 9.5 mm 和 9.5 ～ 13.2 mm 的重

矿渣集料，采用不同组合设计配合比。试件在标准养护条件下养护 28 d 后，进行劈裂抗拉强度测试。测试采用劈裂抗拉试验机，加载速率为 1 kN/s，直至试件破坏，记录最大破坏荷载并计算劈裂抗拉强度。

不同级配组合下的劈裂抗拉强度测试结果见表 4-2 所列。

表 4-2　不同级配组合下的劈裂抗拉强度测试结果

序号	劈裂抗拉强度 /MPa
W20-A	2.19
W20-B	3.05
W20-C	1.56
W22-A	2.31
W22-B	3.75
W22-C	1.80
W24-A	2.94
W24-B	4.04
W24-C	1.57

由表 4-2 可知，不同级配组合对劈裂抗拉强度的影响较大。其中，集料粒径为 4.75 ～ 9.5 mm 的组合的劈裂抗拉强度表现出较高的值，这说明在这一粒径范围内，集料能够提供良好的黏结性能和骨架结构。

2. 详细分析

（1）集料粒径对劈裂抗拉强度的影响。粒径为 4.75 ～ 9.5 mm 的集料组合表现出较高的劈裂抗拉强度，原因在于这一粒径范围的集料能够在水泥浆体中形成较为均匀的分布，增强了集料与浆体之间的黏结力，从而提升了试件的抗拉强度。

具体分析如下。

①集料粒径较小时（2.36 ～ 4.75 mm），虽然集料的表面积增大，能够提供更多的黏结点，但由于集料过于细小，整体骨架结构不稳定，导致试件的劈裂抗拉强度较低。

②集料粒径较大时（9.5 ～ 13.2 mm），虽然集料能够提供较大的内部孔隙，但由于集料之间的接触点减少，整体黏性能下降，导致劈裂抗拉强度降低。

（2）不同配合比对劈裂抗拉强度的影响。在水灰比相同的情况下，不同粒径的集料组合对劈裂抗拉强度的影响显著。对于 W20-B、W22-B 和 W24-B 组，其劈裂抗拉强度明显高于其他组合，说明在相同水灰比条件下，粒径为 4.75 ～ 9.5 mm 的集料组合能够提供最佳的抗拉强度。

W20-B 组的劈裂抗拉强度为 3.05 MPa，这表明在低水灰比条件下，粒径为 4.75 ～ 9.5 mm 的集料能够形成较为紧密的骨架结构，提升整体黏结性能。

W22-B 组的劈裂抗拉强度为 3.75 MPa，这表明在中等水灰比条件下，粒径为 4.75 ～ 9.5 mm 的集料组合仍能保持较高的抗拉强度。

W24-B 组的劈裂抗拉强度为 4.04 MPa，这表明在高水灰比条件下，粒径为 4.75 ～ 9.5 mm 的集料组合具有最佳的黏结性能和骨架结构。

（3）水灰比对劈裂抗拉强度的影响。水灰比是影响透水混凝土性能的关键因素之一。试验结果表明，水灰比的增加对劈裂抗拉强度的提升有积极作用，但过高的水灰比会导致浆体过于稀薄，影响整体黏结性能。

对于 W20-A、W22-A 和 W24-A 组，劈裂抗拉强度随着水灰比的增加而逐渐提升，但在 W24-A 组达到峰值 2.94 MPa 后，W24-C 组的劈裂抗拉强度反而下降到 1.57 MPa。这说明水灰比在 0.24 时，集料粒径为 4.75 ～ 9.5 mm 的组合能够提供最佳的抗拉强度，但进一步增加水灰比会导致劈裂抗拉强度下降。

对于 W20-B、W22-B 和 W24-B 组，劈裂抗拉强度随着水灰比的增加而逐步提升，W24-B 组达到最高值 4.04 MPa。这表明在水灰比为 0.24 时，集料粒径为 4.75 ～ 9.5 mm 的组合能够提供最佳的黏结性能和骨架结构。

3.影响机制分析

（1）集料粒径对黏结性能的影响。粒径为 4.75～9.5 mm 的集料组合能够在浆体中形成均匀分布，增加集料与浆体之间的黏结点，提高整体黏结性能。这一粒径范围的集料具有较好的填充效果，能够有效填充混凝土内部孔隙，增强内部结构的紧密性，从而提升劈裂抗拉强度。

（2）水灰比对劈裂抗拉强度的影响。适中的水灰比能够提供足够的浆体包裹集料，增强集料与浆体之间的黏结性能。但过高的水灰比会导致浆体过于稀薄，降低黏结力；过低的水灰比则会导致混合料成型困难，影响整体黏结性能。因此，水灰比的合理选择对劈裂抗拉强度的提升至关重要。

（3）级配对混凝土结构的影响。合理的级配设计能够在混凝土内部形成稳定的骨架结构，增强整体黏结性能和力学性能。级配不合理则会导致混凝土内部结构松散，黏结性能差，从而降低劈裂抗拉强度。

4.3.3　透水性分析

为了深入分析集料粒径对透水混凝土透水性的影响，本书设计了一个详细的试验方案。该试验旨在系统评估不同粒径组合对透水混凝土透水性能的影响，通过科学的试验步骤和数据分析，验证粒径为 4.75～9.5 mm 的集料组合在透水性方面的最佳表现。

1.透水性测试

使用透水性测试仪进行测试，具体步骤如下。

（1）准备试件：将养护28 d 的试件从标准养护室中取出，晾干表面水分。

（2）安装试件：将试件安装到透水性测试仪中，确保密封良好。

（3）测试：启动测试仪，记录单位时间内透过试件的水量，计算透水系数。

2. 微观结构分析

使用扫描电子显微镜观察不同粒径集料在混凝土中的分布和孔隙结构，具体步骤如下。

（1）取样：从透水性测试后的试件中取出小块样品。

（2）制样：对样品进行金相制备，确保表面平整。

（3）观察：使用 SEM 观察样品的微观结构，记录集料分布和孔隙形态。

3. 数据分析与结果讨论

试验数据包括不同粒径组合下的透水系数和微观结构图像。通过灰色关联分析和统计分析，评估不同级配组合对透水性能的影响。重点分析粒径为 4.75 ～ 9.5 mm 的集料组合在透水性方面的表现，结合微观结构分析结果，解释其优异透水性能的原因。

4.3.4　孔隙率分析

透水混凝土的孔隙率不仅决定了其透水能力，还对其抗压强度、抗拉强度和耐久性产生显著影响。适中的级配能够在保证力学性能的同时，提供足够的连通孔隙，从而优化透水性能。深入剖析孔隙率的形成机制和其对透水混凝土性能的影响，可以为优化混凝土配合比设计提供科学依据。高孔隙率意味着混凝土内部有更多的空隙，这对于提高透水性能非常重要。但过高的孔隙率会导致混凝土的密实度降低，从而影响其力学性能和耐久性。因此，如何平衡孔隙率与混凝土的强度和耐久性是透水混凝土设计中的关键问题。

1. 孔隙率的测量方法

孔隙率的测量通常采用以下方法。

（1）排水法：通过测量样品在水中和空气中的重量，计算其体积密度，然后与材料的实密度进行比较。

（2）真空饱和法：将样品置于真空环境中，利用水的浸入来测量孔隙体积，从而计算孔隙率。

（3）图像分析法：利用扫描电子显微镜或计算机断层扫描（CT）技术，对混凝土内部结构进行三维成像和分析，计算孔隙的大小和分布情况。

2. 适中的级配对孔隙率的影响

适中的级配是指集料的粒径分布能够形成合理的颗粒堆积，使得混凝土内部既有足够的孔隙提供透水性，又有足够的密实度保证力学性能。调整不同粒径集料的比例，可以显著影响透水混凝土的孔隙率及其性能表现。

3. 适中的级配组合

在实际应用中，常通过试验和经验来确定最佳的级配组合。如前所述，粒径为 4.75 ～ 9.5 mm 的集料在透水混凝土中的应用效果最佳。此级配组合既能形成足够的连通孔隙，确保良好的透水性，又能提供足够的骨架结构，保证混凝土的力学性能。这是因为较大粒径的集料能够形成较大的连通孔隙，使水能够迅速渗透和排出，同时集料之间的嵌锁作用增强了混凝土的整体结构强度。

4. 孔隙结构的优化

适中的级配组合能够在混凝土内部形成合理的孔隙结构，具体表现如下。

（1）均匀分布的连通孔隙：当集料粒径为 4.75 ～ 9.5 mm 时，能够在混凝土内部形成均匀分布的连通孔隙。这些孔隙不仅能够提供良好的透水通道，还能避免水流在混凝土内部的阻塞，从而提高透水性能。

（2）适宜的孔隙率：试验结果表明，适中的孔隙率能够平衡混凝土的透水性能和力学性能。过高的孔隙率会导致混凝土的密实度和强度下降，过低的孔隙率则会影响透水性。因此，应选择适中的孔隙率。

（3）集料间的嵌锁效应：适中的级配组合能够形成有效的集料嵌锁效应，使得混凝土内部结构更加稳定。粒径为 4.75 ～ 9.5 mm 的集料之间的嵌锁作用显著，增强了集料与水泥浆体之间的结合力，从而提高了混凝土的抗压强度和抗拉强度。

5.试验结果与分析

本书通过试验测量了不同级配下的孔隙率，结果显示，适中的级配组合在提供足够连通孔隙的同时，也能确保良好的力学性能。

试验结果显示，粒径为 4.75 ～ 9.5 mm 的集料组合（G2 和 G3）在透水性和力学性能之间取得了良好的平衡。孔隙率为 22.7% 和 20.8% 的组合不仅提供了足够的透水性，还保证了混凝土的抗压强度和耐久性。这表明适中的级配组合能够在实际工程应用中实现优化设计。

6.微观结构分析

为了深入理解适中的级配组合对孔隙率的影响，本书进行了微观结构分析，通过扫描电子显微镜观察不同粒径集料在混凝土中的分布和孔隙结构。结果显示，适中的级配组合能够形成较为均匀的孔隙分布，且与水泥浆体的结合较为紧密，粒径为 4.75 ～ 9.5 mm 的集料在混凝土中形成了稳定的骨架结构，且孔隙大小适中。这些孔隙在混凝土内部形成了有效的水通道，确保了良好的透水性。同时，集料与水泥浆体之间的界面结合良好，增强了混凝土的整体强度和耐久性。

4.4　基于灰色关联分析的重矿渣集料透水混凝土级配优选分析

本书采用灰色关联分析方法对不同级配组合下的重矿渣集料透水混凝土性能进行综合评价。

4.4.1　确定评价指标

虽然透水混凝土的主要功能是透水，但其抗压强度依然是确保结构安全和稳定的重要因素。当透水混凝土中使用重矿渣集料作为集料时，其抗压强度受到集料性质、级配设计、水灰比、砂率等多种因素的影响。在实际应用中，透水混凝土不仅需要在静态荷载下表现出良好的抗压强度，还需在动态荷载和环境变化下保持稳定的性能。通过试验研究发现，粒径为 4.75～9.5 mm 的集料在透水混凝土中的抗压强度表现最佳。这一粒径范围内的集料能够形成良好的骨架结构，增强混凝土的整体承载力。此外，合理的水灰比和砂率调整可以优化集料与水泥浆体的结合，使得抗压强度进一步提高。具体而言，水灰比的调整对抗压强度有显著影响。较低的水灰比可以增加水泥浆体的密实度，减少孔隙率，从而提高抗压强度。然而，过低的水灰比可能导致混凝土的和易性下降，增加施工难度。试验表明，当水灰比控制在 0.3～0.4 时，透水混凝土能够同时实现较高的抗压强度和良好的施工性能。

透水混凝土在实际使用中，不仅要承受压应力，还需要抵抗拉应力和剪应力的作用。因此，劈裂抗拉强度对于评价透水混凝土的综合力学性能具有重要意义。重矿渣集料在透水混凝土中的应用，使得材料的劈裂抗拉强度受到集料级配、砂率和水泥浆体结合情况的影响。通过试验研究发现，粒径为 4.75～9.5 mm 的集料在劈裂抗拉强度测试中表现出较高的强度。这表明，该级配组合能够提供良好的集料嵌锁和黏结性能，增强了混凝土的抗拉强度。适当的砂率和水灰比调整同样对劈裂抗拉强度有显著影响。较高的砂率可以填充集料间的孔隙，提高混凝土的密实度和黏结力，从而增加劈裂抗拉强度。试验表明，当砂率控制在 20%～30% 时，透水混凝土能够实现较高的劈裂抗拉强度。

透水混凝土的透水性能取决于其内部孔隙结构和孔隙率。重矿渣集料在透水混凝土中的应用，使得材料的透水性能受到集料粒径、级配设计和配合比的影响。在实际工程应用中，透水性不仅要求混凝土具有较高的透水系数，还需确保其长期使用中的稳定性和耐久性。为了提高透水混凝土的综合性能，需要在集料级配设计中找到透水性和力学性能之间的最佳平衡点。试验表明，合理的水灰比和砂率调整可以在确保透水性的同时，提高混凝土的抗压强度和劈裂抗拉强度，从而实现材料性能的全面优化。

透水性和孔隙率是透水混凝土的核心性能指标，两者之间有直接的关系。较高的孔隙率通常意味着更好的透水性，但过高的孔隙率会影响混凝土的密实度和强度。因此，合理的孔隙率设计能够在保证透水性的同时，确保混凝土的力学性能和耐久性。试验结果表明，适中的级配组合能够在透水性和孔隙率之间取得良好的平衡。粒径为 4.75 ～ 9.5 mm 的集料组合形成的孔隙率既能提供有效的透水通道，又不会导致混凝土的强度显著下降。这种级配设计在实际应用中表现出优异的综合性能。

在透水混凝土的配合比设计中，调整集料级配、砂率和水灰比，可以实现各项性能指标的优化。适中的级配组合不仅能够提高抗压强度和劈裂抗拉强度，还能确保良好的透水性和适宜的孔隙率。一般情况下，水灰比控制在0.3 ～ 0.4，砂率控制在 20% ～ 30%，可以在提高混凝土密实度和强度的同时，确保其透水性。这种配合比设计能够在实际工程应用中实现优异的综合性能，满足城市雨水管理和地表水循环的需求。

4.4.2　数据标准化处理

数据标准化处理的目的在于消除量纲和数量级的影响，使不同指标在同一尺度上进行比较。透水混凝土的性能评价涉及抗压强度、劈裂抗拉强度、透水性和孔隙率等多个指标，每个指标的量纲和数值范围各不相同。直接比较这些指标的数据可能会导致误判或偏差，因为不同量纲和数量级的数据在计算和分析时，其权重和影响力无法直接反映实际情况。因此，通过极值标准化方法，将不同指标的数据进行无量纲化处理，使其在统一的尺度上进行比较和分析，是确保数据分析科学性和准确性的重要手段。极值标准化方法是一种常用的数据标准化方法，其基本原理是将原始数据转换为无量纲的标准化值。具体过程包括确定每个指标的数据范围，即最大值和最小值，然后将每个数据点按照公式进行转换，使其标准化值处于 0 ～ 1。在研究重矿渣集料透水混凝土性能的过程中，应采用极值标准化方法对抗压强度、劈裂抗拉强度、透水性和孔隙率等指标进行标准化处理。首先，对每个指标的原始数据进行统计分析，确定其最大值和最小值。其次，按照标准化公式，对每个数据点进行转换，得到标准化后的数据。通过这一过程，不同指标的数据可以转换为无量纲的标准化值，从而便于后续的比较和综合分析。

通过极值标准化方法，将抗压强度、劈裂抗拉强度、透水性、孔隙率的数据进行标准化处理，可以在统一的尺度上进行综合比较，确定最优的性能组合。在数据标准化处理过程中，需要注意数据的分布特性和极值点的影响。如果某些数据点的极值过大或过小，就可能会对标准化结果产生较大影响，导致部分数据的标准化值偏离实际。因此，在进行标准化处理前，需要对数据进行预处理，包括剔除异常值和进行数据平滑处理，以确保标准化结果的科学性和可靠性。

通过极值标准化方法处理后的数据，可以用于综合评价透水混凝土的性能。在综合评价过程中，可以采用加权平均法或多指标综合评价模型，对不同标准化指标进行加权计算，得到综合评价得分。综合评价得分反映了各项指标在统一尺度上的综合表现，便于确定最优的材料配比和工艺参数。加权平均法的基本原理是先根据各指标的重要性，赋予其不同的权重，然后计算加权平均值。综合评价模型则可以结合不同评价指标的特点，采用不同的数学模型进行综合评价，得到更为科学和全面的评价结果。在评价重矿渣集料透水混凝土性能时，可以根据实际工程需求，设定抗压强度、劈裂抗拉强度、透水性和孔隙率的权重，计算综合评价得分。通过比较不同配比和工艺参数下的综合评价得分，可以确定最优的材料配比和工艺参数，指导实际工程应用。

极值标准化方法在透水混凝土性能评价中的应用，不仅提高了数据分析的科学性和准确性，还为优化材料配比和工艺参数提供了重要依据。通过这一方法，人们可以全面系统地评估透水混凝土的综合性能，确定最优的材料组合和工艺设计，从而实现材料性能的全面提升。在实际工程应用中，数据标准化处理和综合评价方法的应用，可以有效提高透水混凝土的设计和施工水平，确保其在城市排水和环境保护中的有效应用。例如，利用标准化处理和综合评价，可以确定最优的集料级配和水灰比设计，使透水混凝土在保证透水性的同时，具备较高的力学性能和耐久性。这不仅提高了材料的使用寿命，降低了维护成本，还能有效应对城市暴雨和地表径流问题，改善城市生态环境。数据标准化处理和综合评价方法的应用，还可以为新材料和新工艺的开发提供科学依据。在开发新型外加剂或改性材料时，可以通过标准化处理和综合评价，评估其对透水混凝土性能的影响，确定最优的材料配比和工艺参数。这不仅加快了新材料和新工艺的开发进程，还能确保其在实际应用中的效果和稳定性。

4.4.3　计算关联度

在研究重矿渣集料透水混凝土关键性能与平面孔结构时，计算各级配组合与理想配合比之间的关联度是确定综合性能指数的重要步骤。通过计算不同级配组合的综合关联度，可以系统评估各种配比的优劣，进而得出最优选级配组合。这种方法不仅提供了一种科学的评价手段，还为实际工程应用提供了可靠的依据。计算关联度的方法之一是灰色关联分析，这是一种多变量统计分析方法，可用于评估不同系统变量之间的关联度。灰色关联分析的基本原理是通过计算各变量之间的灰色关联度，确定变量之间的相似性和相关性。在透水混凝土的性能评价中，灰色关联分析可以用于评估不同级配组合与理想配合比之间的关联度，从而确定最优的材料组合。

首先，需要确定理想配合比的性能指标，这些指标通常包括抗压强度、劈裂抗拉强度、透水性和孔隙率等。理想配合比的指标值可以根据实际工程需求或通过试验数据的平均值确定。其次，一旦确定了理想配合比的指标值，就可以进行各级配组合的灰色关联分析。在灰色关联分析中，需要计算每个级配组合与理想配合比之间的灰色关联系数。灰色关联系数的计算公式为

$$\gamma(x_0,x_i) = \frac{\min_i \min_k |x_0(k)-x_i(k)| + \xi \max_i \max_k |x_0(k)-x_i(k)|}{|x_0(k)-x_i(k)| + \xi \max_i \max_k |x_0(k)-x_i(k)|} \tag{4-1}$$

式中，$x_0(k)$ 为理想配合比的第 k 项指标值；

$x_i(k)$ 为第 i 个级配组合的第 k 项指标值；

ξ 为分辨系数，通常取值为 $0 \sim 1$，常用值为 0.5。

通过计算每个级配组合在各项指标上的灰色关联系数，可以得到各级配组合的综合关联度。综合关联度是各指标灰色关联系数的加权平均值，反映了级配组合与理想配合比的整体相似性。综合关联度的计算公式为

$$\Gamma(x_0, x_i) = \sum_{k=1}^{n} w_k \gamma[x_0, x_i(k)] \tag{4-2}$$

式中，w_k 为第 k 项指标的权重，反映了各指标在综合性能评价中的重要性。权重的确定可以根据实际工程需求和专家经验，通过层次分析法或熵权法进行计算。

第5章 砂率对重矿渣集料透水混凝土性能的影响

砂率是透水混凝土配合比设计中的关键参数,对混凝土的力学性能和透水性有着重要影响。本章将系统探讨不同砂率对重矿渣透水混凝土性能的影响,通过试验研究和数据分析,揭示砂率变化对混凝土抗压强度、劈裂抗拉强度、透水性和孔隙率等主要性能指标的影响规律。研究结果将为优化透水混凝土配合比设计提供科学依据,提升其在实际工程中的应用效果并延长其使用寿命。合理调整砂率,能够使透水混凝土在强度和透水性之间达到平衡,为绿色建筑和可持续发展提供可靠的技术支持。

5.1 概　　述

21世纪以来,人类面临着经济快速增长、建筑规模不断发展、能源短缺和环境恶化等一系列严峻挑战。这就需要大力发展循环经济,在经济建设中充分利用资源,提高资源利用效率,减少环境污染。这些指示为发展循环经济指明了方向。改革开放以来,中国经济迅猛发展,城市化规模不断扩张,建筑行业也随之蓬勃发展。其中,混凝土因其经济效益好、可塑性强,被广泛应用于建筑行业，给人们带来了巨大的便利。随着经济的快速发展和建筑规模的不断扩大，资源利用和环境保护的问题日益突出。在这种背景下，工业废弃物的利用逐渐受到关注。面对工业废弃物的再次利用，人们意识到，工业废渣回收并可以作为混凝土材料被重复利用，以此解决工业废弃物对环境造成的负面影响。目前，绝大多数混凝土集料依然采用天然砂石。作为建筑集料的天然砂石不断被开采，这一资源面临着短缺和枯竭的风险。为了解决这一困境，必须寻找一种在作用机理等方面与天然砂石相似的建筑集料。重矿渣不仅可以减少对天然资源的依赖，还能有效降低环境污染，是一种理想的替代材料。研究表明，重矿渣在混凝土中的应用，不仅可以提高资源利用效率，还能显著改善混凝土的性能。而砂率是混凝土配合比设计中的关键参数，对混凝土的力学性能和透水性有着重要影响。砂率的变化能够显著影响混凝土的抗压强度、劈裂抗拉强度、透水性和孔隙率等主要性能指标。合理的砂率可以在满足混凝土强度要求的同时，提供良好的透水性能，从而实现混凝土性能的优化。为了进一步研究砂率对重矿渣透水混凝土性能的影响，本章通过试验研究和数据分析，揭示了砂率变化对混凝土性能的具体影响规律。研究结果将为优化透水混凝土配合比设计提供科学依据，提升其在实际工程中的应用效果和使用寿命，从而为绿色建筑和可持续发展提供可靠的技术支持。

目前，重矿渣的合理利用得到了广泛重视。通过破碎、清洗等一系列加工处理，块状重矿渣可转化为重矿渣砂石、重矿渣碎石以及重矿渣粉。重矿渣砂石具备良好的可加工性、结构耐久性和抗荷载性，其基础性能与天然砂石相差无几，完全可以替代天然砂石作为混凝土的原材料。利用重矿渣通过特定加工工艺来制备混凝土，不仅解决了工业矿渣堆积带来的环境问题，还显著提高了资源的重复利用率，从而真正提高了社会效益和经济效益，推动了企业和社会的发展。通过这些加工和利用措施，重矿渣不仅实现了废物资源化，还在一定程度上缓解了天然砂石资源紧缺的问题。这种资源的高效利用既符合国家节能减排的政策导向，又为建筑材料行业提供了新的发展方向。

在实际应用中，重矿渣透水混凝土展现了其卓越的性能。例如，在高湿度和酸碱环境中，它表现出更好的稳定性和耐久性，能够显著提高建筑物的使用寿命。同时，重矿渣透水混凝土的优良透水性有助于城市雨水管理，减少城市内涝，促进地下水的自然补给，改善城市生态环境。重矿渣透水混凝土的推广应用还有助于推动循环经济的发展。通过将工业废渣转化为有用的建筑材料，可以实现资源的高效循环利用，减少对自然资源的过度开采，保护生态环境。政府和相关部门应积极制定和实施相关政策，鼓励企业和科研机构加大对重矿渣透水混凝土的研究和开发力度，推动其在建筑领域的广泛应用。为了更好地推广重矿渣透水混凝土，需要进一步加强其性能研究，优化配合比设计，提高施工技术水平。同时，应注重技术培训和宣传推广，提高施工人员和社会公众对重矿渣透水混凝土的认识和接受度，推动其在建筑行业的广泛应用。

5.2　砂率试验设计

5.2.1　试验原材料

常见堆积的重矿渣具有 15% ～ 20% 的孔隙，这使其拥有优越的透水性和良好的结构稳定性。与天然石料相比，重矿渣碎石不仅在表观密度上略小，而且其粉碎指标和坚固性能都表现极佳。重矿渣的这些特性使重矿渣在建筑材料领域表现出色，特别是由于重矿渣的大孔隙性，且连通孔隙率和透水系数均高于天然砂石，因此重矿渣完全可以作为普通建筑材料使用，并在日常生产中得到切实应用。

1. 重矿渣

重矿渣取自六盘水炼钢厂，通过破碎机统一破碎、筛分，得到本试验所需的集料规格，分别为 2.36 ～ 4.75 mm 重矿渣砂和 4.75 ～ 9.5 mm 重矿渣碎石。

经过处理后的重矿渣在各项性能指标上表现优越，具体性能指标见表 5-1 所列，实物如图 5-1 所示。

表 5-1　重矿渣集料性能指标

名称	表观密度 /（g·cm⁻³）	堆积密度 /（g·cm⁻³）	吸水率 /%
2.36 ～ 4.75 mm 重矿渣砂	2 631	1 312	6.05
4.75 ～ 9.5 mm 重矿渣碎石	2 844	1 259	5.37

图 5-1　2.36 ～ 4.75 mm 重矿渣砂石与 4.75 ～ 9.5 mm 重矿渣碎石

2. 水泥

试验所用水泥为 P·O 42.5 级普通硅酸盐水泥。P·O 42.5 级普通硅酸盐水泥的性能见表 5-2 所列。

表5-2 P·O 42.5级普通硅酸盐水泥性能

水泥品种	密度 / (g·cm⁻³)	比表面积 / (m³·kg⁻¹)	凝结时间 /min		抗压强度 /MPa		抗折强度 /MPa	
			初凝时间	终凝时间	3 d	28 d	3 d	28 d
P·O 42.5	3.1	380	225	275	25.2	47.8	5.4	8.3

3.水

水选用六盘水市钟山区的自来水。

4.外加剂与增强剂

（1）外加剂选用聚羧酸高效减水剂。它的作用是提高材料早期强度、提高离析稳定性、提高极限强度和高效减水等。它的基本性能见表5-3所列。

表5-3 减水剂基本性能

材料	密度 / (kg·m⁻³)	堆积密度 / (kg·m⁻³)	减水率 / %	pH 酸碱度
聚羧酸高效减水剂	1 220	454	18	6.5 ～ 7.5

（2）水泥增强剂在降低干缩龟裂方面效果显著，使用水泥增强剂能够有效减少 10% ～ 20% 的用水量，从而稳定形成结晶体。同时，水泥增强剂具备优异的抗化学性，这种性能优于高铝水泥和抗酸水泥。水泥增强剂还具有调节混凝土在不同温度下的硬化速度和强度增长速率的功能。水泥增强剂独特的化学性质使混凝土在各种环境条件下都能表现出稳定的性能，确保混凝土的耐久性和可靠性。在寒冷地区，水泥增强剂能够加快混凝土的早期强度发展，防止

冻害；而在高温环境下，增强剂能减缓水泥硬化速度，避免快速失水导致的裂缝。

5.2.2　试验设备

试验中用到的设备有破碎机、100 mm × 100 mm × 100 mm 三联模具、50 mm × 100 mm 模具、B202B 搅拌机、YH-40B 型标准养护箱、烘箱、透水系数测定仪、DYE-2000 型电液式压力试验机。

5.2.3　配合比设计

1. 重矿渣透水混凝土配合比计算方法

在水泥土与混凝土的搅拌过程中，当水灰比偏低时，如果砂浆不能充分、均匀地覆盖集料，就会使形成的透水混凝土中出现较大的空隙，从而导致其强度直线下降。在制备混凝土时，一定量的胶乳减水剂可以提高混凝土的流动性，同时可以保证节约水泥的用量，而不会改变混凝土的强度。所以，本次试验中每次的减水剂加入量为胶凝材料的 0.2%，同时为了使混凝土的使用寿命以及耐磨性得到有效提高，本次试验也加入了一定量的增强剂，占胶凝材料的 0.35%。制备透水混凝土时，如果水灰比过高，就会导致透水混凝土的孔隙堵塞，进而严重降低其强度。透水混凝土的孔隙率较高，因此适当的水灰比可以提高其强度。在初步的对比试验中发现，重矿渣混凝土的水灰比为 0.20 ～ 0.24，所以本试验采用了三个级别的水灰比（W/C）：0.20、0.22、0.24。重渣混合料的设计优先考虑的是矿渣混凝土的渗透性数值，即设计砂率是主要的控制变量。

计算公式为

$$\frac{G}{\rho_g} + \frac{S}{\rho_s} + \frac{C}{\rho_c} + \frac{W}{\rho_w} + P = 1 \qquad （5-1）$$

式中，G、S、W、C 分别为 2.36 ～ 4.75 mm 重矿渣砂、4.75 ～ 9.5 mm 重矿渣碎石、水和水泥的质量；

　　　　ρ_g、ρ_s 分别为粗集料、细集料的表观密度；

　　　　ρ_c、ρ_w 分别为水泥和水的密度，其中 ρ_c 取值 3 100 kg/m³，

　　　　ρ_w 取值 1 000 kg/m³；

　　　　P 为设计孔隙率，取值 0.3。

　　砂率大小也会对混凝土的性能有所影响，单一级的集料粒径空隙比较大，透水性好，但是强度却有所降低。本试验将采取连续级的集料来进行制备，因为集料间所接触的点越多，其强度就越高。重矿渣透水混凝土配合比见表 5-4 所列。

表 5-4　重矿渣透水混凝土配合比

序号	水灰比	砂率 /%	试件数量
1	0.20	10	6
2	0.20	30	6
3	0.20	50	6
4	0.22	10	6
5	0.22	30	6
6	0.22	50	6
7	0.24	10	6
8	0.24	30	6
9	0.24	50	6

2.配合比试验方案

水灰比对混凝土性能有着很大的影响，本书采用 0.20 ~ 0.24 的水灰比进行试验。水灰比影响方案见表 5-5 所列。

表 5-5　水灰比影响方案

编号	水灰比	单位体积用量 /（kg·m⁻³）				
		水泥 /kg	4.75 ~ 9.5 mm 的重矿渣碎石 /kg	2.36 ~ 4.75 mm 的重矿渣砂 /kg	水 /kg	减水剂 /g
1	0.20	—	—	—	0.968	—
2	0.22	—	—	—	1.023	—
3	0.24	4.477	9.890	4.240	1.078	9.54

粗细集料掺量对重矿渣透水性能有着很大的影响，所以本试验在参考相关文献后，集料采用 2.36 ~ 4.75 mm 的连续级配。砂率影响方案见表 5-6 所列。

表 5-6　砂率影响方案

编号	砂率 /%	单位体积用量 /（kg/m⁻³）					
		水灰比	水泥 /kg	粗集料 /kg	细集料 /kg	水 /kg	减水剂 /g
1	10	—	—	1 272.2	141.4	—	—
2	30	0.24	4.477	989.0	424.0	107.8	954.0
3	50	—	—	706.8	706.8	—	—

3.双因素试验方案

重矿渣透水混凝土具有结构的特殊性，所以在进行配合比设计的同时，不仅要满足它优良的透水性能，还要保证它具备良好的力学性能。本次试验将选取三种不同大小的试验水灰比（0.20、0.22 和 0.24）和三种不同的重矿渣砂在重矿渣碎石的掺量（10%、30% 和 50%）。试验的影响因素变量见表 5-7 所列，双因素试验方案见表 5-8 所列，每组配合比计算各材料用量见表 5-9 所列。

表 5-7 影响因素变量表

影响因素	水灰比	砂率 /%
1	0.20	10
2	0.22	30
3	0.24	50

表 5-8 双因素试验方案

编号	水灰比	砂率 /%	试件数量
1	0.20	10	6
2	0.20	30	6
3	0.20	50	6
4	0.22	10	6
5	0.22	30	6
6	0.22	50	6
7	0.24	10	6
8	0.24	30	6
9	0.24	50	6

表 5-9　每组配合比计算各材料用量

编号	水灰比	R/kg	G/kg	W_0/kg	C/kg	N/g	M/g
1	0.20	141.4	1 272.2	96.8	481.8	963	1 686
2	0.22	141.4	1 272.2	102.3	464.6	929	1 626
3	0.24	141.4	1 272.2	107.8	447.7	895	1 567
4	0.20	424.0	989.0	96.8	481.8	963	1 686
5	0.22	424.0	989.0	102.3	464.6	929	1 626
6	0.24	424.0	989.0	107.8	447.7	895	1 567
7	0.20	706.8	706.8	96.8	481.8	963	1 686
8	0.22	706.8	706.8	102.3	464.6	929	1 626
9	0.24	706.8	706.8	107.8	447.7	895	1 567

注：R 为 2.36～4.75 mm 重矿渣砂的用量；G 为 4.75～9.5 mm 重矿渣碎石的用量；C 为水泥的用量；W_0 为水的用量；N 为减水剂的用量；M 为增强剂的用量。

5.3　不同砂率下重矿渣集料透水混凝土性能分析

5.3.1　抗压强度

砂率是指细集料在混凝土总集料中的比例，合理的砂率设计可以优化混凝土的抗压性能。在低砂率条件下，混凝土中的粗集料占据主要体积，形成一个稳定的骨架结构。这种骨架结构能够有效地传递和分散外部施加的压应力，从而提高混凝土的抗压强度。

在这一阶段，粗集料之间的接触点较多，能够形成强有力的支撑框架，增强了混凝土的整体刚性和承载能力。粗集料的较大颗粒尺寸能够减少水泥浆体的收缩和变形，有助于提高混凝土的抗压性能。当砂率逐渐增加到某一阈值时，细集料的填充作用开始显现。适量的细集料可以填充粗集料之间的孔隙，增加混凝土的密实度。这一过程有助于提高混凝土的抗压强度，因为更密实的混凝土结构可以减少内部孔隙，增强材料的整体性和稳定性。细集料的存在可以使得水泥浆体更均匀地包裹在集料表面，形成更为均匀的混合物，从而提高混凝土的内聚力和抗压能力。

在这一阶段，砂率对抗压强度的正面影响达到峰值。然而，过高的砂率会导致细集料在混凝土中占据过多比例，反而削弱了骨架效应。过多的细集料会增加混凝土的细观孔隙率，导致水泥浆体与集料之间的黏结力减弱。这样一来，混凝土的整体抗压性能会受到影响，因为细集料无法提供足够的支撑和分散应力的能力，导致混凝土在高压下更容易发生破坏。过高的砂率还会导致混凝土的流动性和工作性下降，增加施工难度。由于细集料的增加，水泥浆体需要更多的水来润湿和包裹细集料，这会导致水灰比的增加，进而影响混凝土的强度和耐久性。过多的水分会在混凝土硬化过程中蒸发，形成更多的孔隙，进一步削弱混凝土的抗压性能。因此，在设计混凝土配合比时，必须综合考虑砂率对抗压强度的影响，避免因砂率过高导致的负面效应。

实际应用中，不同工程对混凝土抗压强度的要求不同，需要根据具体需求选择合理的砂率。例如，在承载要求较高的结构中，应选择较低的砂率，以确保骨架结构的完整性和稳定性，从而提高抗压强度；而在对透水性要求较高的工程中，可以适当增加砂率，以增强混凝土的透水性能，同时确保混凝土的抗压能力在可接受范围内。

1. 重矿渣透水混凝土抗压强度分析

重矿渣透水混凝土抗压强度分析结果见表 5-10 所列。

表 5-10　重矿渣透水混凝土抗压强度分析结果

序号	水灰比	砂率 /%	抗压强度 /MPa
1	0.20	10	21.02
2	0.20	30	9.53
3	0.20	50	13.84
4	0.22	10	16.49
5	0.22	30	22.41
6	0.22	50	13.53
7	0.24	10	26.59
8	0.24	30	13.42
9	0.24	50	15.32

由表 5-10 可知，影响重矿渣透水混凝土的抗压强度因素主次为，水灰比大于砂率。

2. 水灰比、砂率对抗压强度的影响

不同水平水灰比、砂率对重矿渣透水混凝土的抗压强度影响分析图如图 5-2 所示。

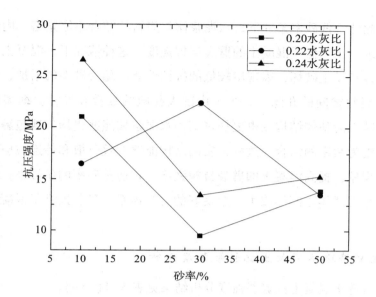

图 5-2　水灰比、砂率对抗压强度的影响

由图 5-2 可知，当水灰比由 0.20 增加到 0.22 时，砂率为 10% 和 50% 的混凝土的抗压强度呈下降趋势，随着水灰比从 0.22 增加到 0.24，砂率为 10% 和 50% 的混凝土的抗压强度也增长到最大值；而砂率为 30% 的混凝土的抗压强度随着水灰比的增加先是上升到最大值（22 MPa），随后呈下降趋势。原因可能是水灰比过大。过大的水灰比制备出的混凝土的流动性也大，容易离析和泌水，和易性不好，严重影响混凝土强度。由此得知，水灰比是影响抗压强度的重要因素。

5.3.2　劈裂抗拉强度

劈裂抗拉强度反映了混凝土在使用过程中抵抗裂缝形成和扩展的能力。在透水混凝土的研究中，合理控制砂率，不仅可以优化混凝土的抗拉性能，还能提升其整体结构性能。

在低砂率条件下，透水混凝土中的粗集料占据主要体积，形成了较多的大孔隙。这些孔隙在混凝土承受拉应力时容易成为应力集中点，导致裂缝的产生和扩展。此外，低砂率条件下，水泥浆体与集料的结合不够紧密，内部结构较为松散，进一步降低了混凝土的劈裂抗拉强度。这种情况下，混凝土在拉应力作用下更容易发生破坏，表现出较低的抗拉性能。随着砂率的增加，细集料逐渐填充粗集料之间的孔隙，减少了内部大孔隙的数量和尺寸。细集料的填充作用使混凝土的整体结构变得更加密实，水泥浆体能够更均匀地包裹在集料表面，形成更为紧密的结合。这种密实的结构能够有效分散和传递拉应力，减少应力集中现象，提高混凝土的劈裂抗拉强度。在适量砂率的条件下，细集料与粗集料和水泥浆体之间形成了一个良好的力学体系，显著提升了混凝土的抗拉性能。

1. 重矿渣透水混凝土抗劈裂强度分析

重矿渣透水混凝土抗劈裂强度分析结果见表 5-11 所列。

表 5-11　重矿渣透水混凝土抗劈裂强度分析结果

序号	水灰比	砂率 /%	抗劈裂强度 /MPa
1	0.20	10	2.77
2	0.20	30	2.07
3	0.20	50	2.81
4	0.22	10	3.20
5	0.22	30	3.64
6	0.22	50	3.22
7	0.24	10	3.91
8	0.24	30	3.34
9	0.24	50	4.22

由表 5-11 可知,影响重矿渣透水混凝土抗压强度的因素主要为水灰比,其次是砂率。

2. 水灰比、砂率对抗劈裂强度的影响

不同水平水灰比、砂率对重矿渣透水混凝土的抗劈裂强度的影响分析如图 5-3 所示。

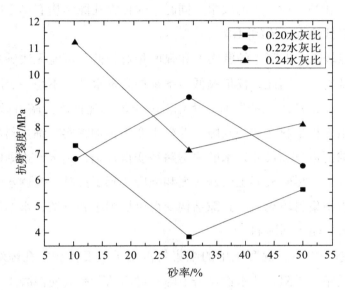

图 5-3　不同水平水灰比、砂率对重矿渣透水混凝土的抗劈裂强度的影响分析

由图 5-3 可知,当砂率为 10% 的时候,水灰比为 0.20 和 0.24 的混凝土的抗劈裂强度达到最大值;当砂率由 10% 增加到 30% 时,水灰比为 0.20 和 0.24 的混凝土的抗劈裂强度呈下降趋势;随着砂率的增加,水灰比为 0.20 和 0.24 的混凝土的抗劈裂强度呈缓慢升高的趋势。原因是当混凝土中的细集料占比增多时,混凝土的胶结程度最高,导致它的抗劈裂强度升高;而水灰比为 0.22 的混凝土的抗劈裂强度随着砂率的增加呈先上升后降低趋势,在砂率为 30% 的时候达到最大值。

5.3.3 透水性

在低砂率条件下，透水混凝土中的粗集料占据主要体积，形成较大的孔隙。这些大孔隙为水的渗透提供了顺畅的通道，因此低砂率条件下的透水混凝土表现出良好的透水性。粗集料之间的较大间隙允许水迅速通过混凝土结构，达到快速排水和补给地下水的效果。同时，这种大孔隙结构有助于减少水的滞留和积聚，降低地表径流的风险。

由于孔隙较大，混凝土的密实度和强度相对较低，可能无法满足某些工程对力学性能的要求。因此，仅依赖低砂率来提高透水性并不是一个全面的解决方案，需要在保证透水性的同时，优化混凝土的其他性能。随着砂率的增加，细集料逐渐填充粗集料之间的孔隙，混凝土变得更加密实。细集料的填充作用减少了大孔隙的数量和尺寸，水的渗透路径变得复杂，透水性逐渐降低。在适量砂率的条件下，尽管混凝土的密实度和强度得到了提升，但透水性能有所下降。这是因为细集料填充后，孔隙结构变得更加细小和分散，水的渗透速度减慢，整体透水性能受到影响。

在高砂率条件下，混凝土中的细集料占据了主要体积，孔隙结构变得复杂，水的渗透路径受阻，透水性显著下降。过高的砂率会使混凝土变得过于密实，导致孔隙率大幅降低。虽然这种结构可以提高混凝土的抗压强度和耐久性，但透水性能显著降低，难以实现良好的雨水渗透和地表水循环。高砂率下的透水混凝土可能无法满足其设计初衷，失去了作为透水材料的主要功能。为了保证透水混凝土的良好透水性，需要在砂率选择上进行权衡，确保孔隙结构的合理性。最佳砂率应能在保证透水性能的同时，提供足够的力学强度和耐久性。通过试验研究和数据分析，可以确定适合具体工程需求的最佳砂率范围。

在实际应用中，透水混凝土的砂率选择需要综合考虑多个因素，包括地质条件、降雨量、地下水位、工程承载要求等。对于需要高透水性的区域，如停车场、步行道和景观绿地，适宜选择较低砂率的混凝土配合比，以确保良好的透水性和排水能力；而对于承载要求较高的结构，如道路和桥梁，则需要在砂率选择上进行调整，以平衡透水性和力学性能。

透水混凝土的最大特点是对水的渗透性，但由于其固有的缺点，它的抗压强度也较低。本次试验在透水混凝土的成分中加入重矿渣，制成重矿渣透水混凝土，这将对透水混凝土的抗压强度、抗裂性、渗透性和水饱和系数等性能产生重大影响。以下是对重渣混凝土样品的试验结果分析。

1. 透水混凝土表透水系数分析

重矿渣透水混凝土透水系数分析见表 5-12 所列。

表 5-12　重矿渣透水混凝土透水系数分析

序号	水灰比	砂率 /%	透水系数 / (mm · s⁻¹)
1	0.20	10	0.66
2	0.20	30	0.46
3	0.20	50	0.45
4	0.22	10	0.73
5	0.22	30	0.54
6	0.22	50	0.46
7	0.24	10	0.55
8	0.24	30	0.56
9	0.24	50	0.55

由表 5-12 可知，影响重矿渣透水混凝土的透水系数因素主次为，水灰比大于砂率。

2. 水灰比、砂率对透水系数的影响

不同水平水灰比、砂率对重矿渣透水混凝土的透水系数影响分析如图 5-4 所示。

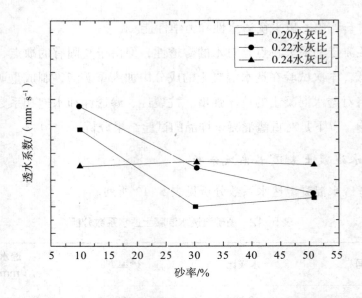

图 5-4　不同水平水灰比、砂率对重矿渣透水混凝土的透水系数影响分析

由图 5-4 可知，水灰比为 0.20 和 0.22 的混凝土在砂率为 10% 的时候，透水系数达到最大值；砂率增大到 30% 的时候，水灰比为 0.20 和 0.22 的混凝土的透水系数不断下降；砂率为 50% 时，水灰比为 0.22 的混凝土的透水系数降低到最小值，水灰比为 0.20 的混凝土的透水系数有所上升。造成以上情况的原因是砂率小时，大集料在混凝土的占比居多，孔隙多，而水灰比为 0.24 的混凝土的透水系数的变化不大。

5.3.4　孔隙率

孔隙率不仅决定了混凝土的透水性能，还影响其密实度和耐久性。砂率作为混凝土配合比设计中的重要参数，对孔隙率有着显著的影响。在低砂率条件下，透水混凝土中的粗集料占据主要体积，形成了较多的大孔隙。这些大孔隙为水的渗透提供了顺畅的通道，因此，低砂率条件下的透水混凝土表现出较高的孔隙率和良好的透水性。粗集料之间的较大间隙允许水迅速通过混凝土结构，达到快速排水和补给地下水的效果。但孔隙率不宜过高，否则难以满足某些工程的力学性能要求。

重矿渣透水混凝土性能测试结果见表 5-13 所列。

表 5-13　重矿渣透水混凝土性能测试结果

编号	抗压强度 /MPa	抗劈裂强度 /MPa	透水系数 /（mm·s⁻¹）	平面孔隙率 /%	连通孔隙率 /%
1	21.02	7.34	0.66	20.18	23.10
2	9.53	3.84	0.42	18.12	20.90
3	13.84	5.61	0.45	19.72	22.50
4	16.49	6.83	0.73	19.65	22.50
5	22.41	9.14	0.54	16.40	27.20
6	13.53	6.51	0.46	18.45	20.70
7	26.59	11.20	0.55	19.26	23.40
8	13.42	7.14	0.56	16.85	26.80
9	15.32	8.11	0.55	20.54	19.80

综上可知，不同砂率对重矿渣透水混凝土性能的影响各不相同，选择合适的砂率，能提高混凝土在实际生活中的应用能力。

第6章 不同矿物掺和料对重矿渣集料透水混凝土性能的影响

本章将探讨矿物掺和料对重矿渣透水混凝土性能的影响。矿物掺和料（如硅灰、粉煤灰等）在混凝土中被广泛应用，能够显著地改善混凝土的力学性能和耐久性。重矿渣结合适量的矿物掺和料作为集料，不仅有助于提高混凝土的密实度和抗压强度，还能够增强混凝土的抗裂性能和耐化学侵蚀能力。本章通过一系列试验研究和数据分析，系统评估不同矿物掺和料及其掺量对重矿渣透水混凝土各项性能的影响，旨在为实际工程应用提供科学依据和优化方案。

6.1 概　　述

在现代建筑材料领域，透水混凝土因其独特的功能和环保效益，越来越受到关注。透水混凝土不仅能够有效管理城市雨水，减少地表径流，还能促进地下水的补给，缓解城市的内涝问题。在透水混凝土的配制中，矿物掺和料的选择和使用是影响透水混凝土性能的关键因素之一。矿物掺和料不仅能改善混凝土的力学性能和耐久性，还能增强其工作性和透水性。

重矿渣是一种重要的工业副产品，再利用重矿渣可以减少环境污染。然而，单独使用重矿渣作为集料制备的透水混凝土在性能上可能存在一定的局限性。为此，研究人员通常会引入矿物掺和料（如硅灰和粉煤灰），以改进重矿渣透水混凝土的综合性能。

硅灰是一种超细颗粒的高活性掺和料，它的主要成分是二氧化硅。由于其细微的颗粒和高比表面积，硅灰能够填充混凝土中的微细孔隙，提高其密实度和强度。硅灰在水化过程中生成的凝胶物质能填补水泥基体中的孔隙，从而提高混凝土的抗压强度和耐久性。此外，硅灰的高火山灰活性也有助于增强混凝土的黏结力。

粉煤灰是一种常见的矿物掺和料，主要来源于煤炭燃烧后的废弃物。粉煤灰有 3 个优点。第一，粉煤灰的球形颗粒结构能够改善混凝土的工作性能，使混凝土更加易于施工。第二，粉煤灰具有良好的火山灰活性，能够参与水泥的水化反应，生成具有胶凝性能的物质，从而提高混凝土的密实度和耐久性。第三，粉煤灰还具有降低水化热、减少裂缝风险的优点，特别适合大体积混凝土的配制。

硅灰与粉煤灰的复掺能够综合两者的优点，进一步提升透水混凝土的综合性能。硅灰的细颗粒和高活性能够填充孔隙，提高强度和密实度，而粉煤灰的球形颗粒结构和良好工作性能可改善混凝土的施工性能。复掺硅灰和粉煤灰不仅能提高混凝土的抗压强度和耐久性，还能优化其透水性能，使其更加适应实际工程的需求。

为了系统研究不同掺量的硅灰、粉煤灰及其复掺对重矿渣透水混凝土性能的影响，本章将通过重矿渣集料透水混凝土矿物掺和料等一系列试验进行探讨。研究的目标是通过多因素对比方法和现代统计分析工具，找出最佳掺和比例，为工程实践提供科学依据。

6.2　重矿渣集料透水混凝土矿物掺和料试验设计

6.2.1　试验原材料

1. 重矿渣

重矿渣是高温矿渣在空气或少量水中加速自然冷却形成的高密度矿渣，其自然特性与天然开采的碎石相似，体积密度约为 1 900 kg/m³，抗压强度大于 49 MPa。矿渣碎石具有良好的稳定性、摩擦性、磨损速度和韧性，符合大部分工程建设的要求，因此重矿渣可以替代普通天然或二次加工的集料应用于各种建设项目。本试验所用的重矿渣集料来自六盘水市环业公司，用于制作透水混凝土。重矿渣透水混凝土是透水混凝土技术的发展和改进。该混凝土由重矿渣集料、天然集料、高级水泥、强化剂和水等混合而成，形成多孔轻质结构。高级水泥作为黏合材料，将特定颗粒级的集料黏合在一起，形成具有多孔结构的透水混凝土。

2. 水泥

本试验使用的水泥由六盘水瑞安水泥有限公司生产，选用的是 P·O 42.5 普通硅酸盐水泥。

3. 水

本试验用水选用六盘水市的自来水。

4. 外加剂

本试验使用的减水剂为聚羧酸高性能减水剂，该材料能够显著提高混凝土的早期强度、离析稳定性、极限强度并实现高效减水。聚羧酸高性能减水剂在混凝土中的应用能够优化混凝土的工作性能和耐久性，使混凝土在施工和长期使用过程中表现出优异的性能。

本试验使用的增强剂为 KFA 水泥掺和剂。该掺和剂通过电化学反应使水泥颗粒分解，释放水泥中的金属元素，促进水泥颗粒的完全水化，可以提高水泥的利用效率。作为一种观念创新的革命性水泥掺和剂，KFA 水泥掺和剂在 21 世纪土木工程领域将带来重大变革。其使用量计算如下：

$$y = 3.5\%x \qquad\qquad (6-1)$$

式中，x 为胶凝材料质量（kg）。

5. 硅灰

硅灰外观为浅灰色粉末，其比重为 2.2 g/cm³，耐火度超过 1 600 ℃，粒径为 1 ～ 10 μm，颗粒细小均匀。硅灰的表观密度大约为 2 700 kg/m³，堆积密度约为 1 500 kg/m³。硅灰的碳含量控制在不超过 2%，烧失量为 1.5% ～ 3%。这些特性使硅灰成为一种重要的混凝土掺和料。硅灰的细小颗粒和高比表面积使硅灰在混凝土中能够填充微小孔隙，显著提高混凝土的密实度和抗压强度。耐火度高意味着硅灰在高温环境下能够保持稳定的物理和化学性质，不会发生熔化或分解。硅灰实物如图 6-1 所示。

图 6-1　硅灰实物

6. 粉煤灰

粉煤灰是一种常见的火山灰材料，应用非常广泛。粉煤灰的堆积密度一般为 790 kg/m³，表观密度通常为 1 060 kg/m³ 左右。粉煤灰的主要氧化物组成包括 SiO_2、Al_2O_3、FeO、Fe_2O_3、CaO 和 TiO_2 等，这些成分赋予了粉煤灰独特的物理和化学特性。在混凝土中掺入粉煤灰，可以显著改善混凝土的力学性能。具体来说，粉煤灰的微小颗粒能够填充混凝土中的孔隙，提高其密实度，从而增强抗压强度和耐久性。此外，粉煤灰具有较好的火山灰活性，能够与水泥水化产物中的 $Ca(OH)_2$ 反应，生成具有胶凝性能的二次水化产物，这些产物进一步增强了混凝土的强度和稳定性。粉煤灰实物如图 6-2 所示。

图 6-2　粉煤灰实物

6.2.2　试验配合比设计

目前，关于透水混凝土的研究还没有统一的计算方法，暂时只能一步步摸索，综合考虑混凝土的力学性能及透水系数。本书采用的体积法计算公式如下：

$$1 = P + \frac{W_d}{W_b} + \frac{X}{3\,100} + \frac{0.24X}{1\,000} \qquad (6-2)$$

式中，P 为目标孔隙率（%）；

　　　W_b 为集料堆积密度（g/cm³）；

　　　W_d 为集料堆积密度（g/cm³）；

　　　X 为胶凝材料质量（kg）。

1. 透水混凝土配合比计算方法

集料的粒径越小，集料之间的接触面积越大，配制的透水混凝土强度越高，但使用的细集料过多，会使得试件表面积较大，使得所需要的水泥浆量增多，且试件内部的连通孔极易被胶凝材料填充密实，透水性能会降低。综合考虑强度和透水性，本试验的集料选用粒级为 2.36 ~ 4.75 mm 和 4.75 ~ 9.5 mm 的两个级配水平并以 1 : 1 比例混合使用。

重矿渣透水混凝土配合比见表 6-1 所列。

表 6-1　重矿渣透水混凝土配合比

集料（1 : 1）/kg		水泥 /kg	水 /kg	减水剂 /g	增强剂 /g
2.36 ~ 4.75 mm	4.75 ~ 9.5 mm				
630	630	391.1	93.9	782.2	13 689

2. 配合比试验方案

本书将水灰比 0.24、粗细集料质量比 50%、孔隙比 0.3、增强剂 0.035、减水剂 0.002 设为标准配合比，并通过三个因素来判断重矿渣透水混凝土的性能（硅灰、粉煤灰单掺及硅灰粉煤灰复掺的掺量）。

（1）硅灰掺量对混凝土透水性能的影响。硅灰掺量对于透水混凝土的性能有着很大的影响，所以本试验在参考相关文献后，采用的硅灰掺量比例为 3%、

6%、9%。硅灰掺量配合比见表 6-2 所列。

表 6-2　硅灰掺量配合比

集料（1：1）/kg		水泥 /kg	水 /kg	减水剂 /kg	增强剂 /kg	微硅粉 /kg
2.36 ～ 4.75 mm	4.75 ～ 9.5 mm					
6.3	6.3	379.4	93.9	0.782	13.69	11.73
6.3	6.3	367.6	93.9	0.782	13.69	23.46
6.3	6.3	355.9	93.9	0.782	13.69	35.20

（2）粉煤灰掺量对混凝土透水性能的影响。粉煤灰掺量对重矿渣透水性能有着很大的影响，本试验在参考相关文献后，采用的粉煤灰掺量比例为 10%、15%、20%。粉煤灰掺量配合比见表 6-3 所列。

表 6-3　粉煤灰掺量配合比

集料（1：1）/kg		水泥 /kg	水 /kg	减水剂 /kg	增强剂 /kg	粉煤灰 /kg
2.36 ～ 4.75 mm	4.75 ～ 9.5 mm					
630	630	351.9	93.9	0.782	13.69	39.11
630	630	332.5	93.9	0.782	13.69	58.66
630	630	351.9	93.9	0.782	13.69	78.22

（3）硅灰、粉煤灰复掺对混凝土透水性能的影响。硅灰、粉煤灰复掺对重矿渣透水性及混凝土性能有着很大的影响，本试验在参考相关文献后，将水泥与硅灰粉煤灰比例固定为 9：1，采用硅灰与粉煤灰比例为 2：1、1：2、1：1 的变量比例进行试验。硅灰、粉煤灰复掺掺量配合比见表 6-4 所列。

表 6-4　硅灰、粉煤灰复掺掺量配合比

集料（1∶1）/kg		水泥 /kg	水 /kg	减水剂 /kg	增强剂 /kg	微硅粉 /kg	粉煤灰 /kg
2.36 ～ 4.75 mm	4.75 ～ 9.5 mm						
6.3	6.3	351.9	93.9	0.782	13.69	26.10	13.03
6.3	6.3	351.9	93.9	0.782	13.69	13.03	26.10
6.3	6.3	351.9	93.9	0.782	13.69	19.50	19.50

6.3　不同矿物掺和料作用下重矿渣集料透水混凝土性能的分析

本节将重点探讨不同矿物掺和料对重矿渣集料透水混凝土性能的影响。通过系统的试验研究，分析不同类型及掺量的矿物掺和料对重矿渣集料透水混凝土的抗压强度、劈裂抗拉强度、透水性和耐久性的影响，以期为实际工程应用提供科学依据和技术指导。

6.3.1　矿物掺和料对重矿渣集料透水混凝土力学性能影响

1. 抗压强度

为了深入研究重矿渣透水混凝土的抗压强度及其影响因素，本章对不同硅灰和粉煤灰掺量下的重矿渣透水混凝土抗压强度进行了详细分析。硅灰和粉煤灰作为常用的掺和料，能够显著改善混凝土的力学性能和耐久性。因此，研究这两种掺和料在不同掺量下对重矿渣透水混凝土抗压强度的影响，对于优化透水混凝土配合比设计，提高其工程应用效果具有重要意义。本书通过调整硅灰、粉煤灰的掺量，以及粗细集料的质量比，制备了多组重矿渣透水混凝土试样，并对其抗压强度进行了系统测试，见表 6-5 所列。由表 6-5 可知，硅灰和粉煤灰掺量的变化对重矿渣透水混凝土的抗压强度影响显著，其中硅灰掺量的影响尤为突出。同时，硅灰和粉煤灰的复合掺量对抗压强度有一定影响。这些试验数据可以为实际工程中重矿渣透水混凝土的配合比设计提供参考。

表 6-5　重矿渣透水混凝土抗压强度分析

序号	硅灰掺量 /%	粉煤灰掺量 /%	粗细集料质量比 /%	抗压强度 /MPa
1	3.00	0	50	21.45
2	6.00	0	50	27.05
3	9.00	0	50	23.74
4	0	10.00	50	19.17
5	0	15.00	50	20.14
6	0	20.00	50	25.58
7	6.66	3.33	50	24.31
8	3.33	6.66	50	27.41
9	5.00	5.00	50	28.86

（1）硅灰对抗压强度影响。硅灰掺量对抗压强度的影响如图 6-3 所示。

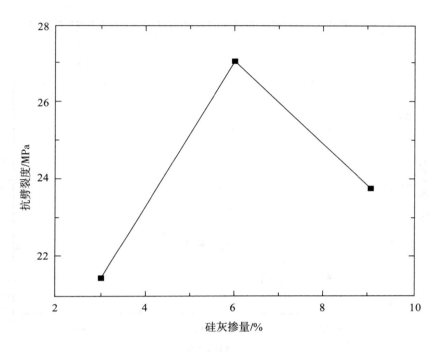

图 6-3　硅灰掺量对抗压强度的影响

由图 6-3 可知，重矿渣透水混凝土的抗压强度值随着硅灰掺量的增加呈现先增加再减小的趋势，当硅灰掺量达到 6% 时，抗压强度达到最大，之后开始减小，减小趋势小于增加趋势。造成这种现象的原因是，硅灰掺量的变化使重矿渣透水混凝土在凝结后的抗压性能增加，但是硅灰掺量过大，水泥掺量减少，使得抗压强度变小。因为硅灰对透水混凝土的抗压性能影响较大，所以根据实际的使用环境条件选择合适的硅灰掺量比，对制备重矿渣透水混凝土至关重要。

（2）粉煤灰掺量对抗压强度的影响。粉煤灰掺量对抗压强度的影响如图 6-4 所示。

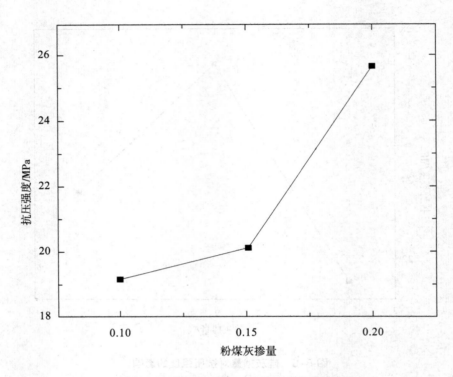

图 6-4　粉煤灰掺量对抗压强度的影响

　　由图 6-4 可知，重矿渣透水混凝土的抗压强度随着粉煤灰掺量的增加而增加，当粉煤灰掺量达到 15% 时，抗压强度增大趋势变大。造成这种现象的原因是粉煤灰掺量过低时，水泥掺量的影响大于粉煤灰掺量的影响，当达到一定数值时，混凝土在粉煤灰掺量的增加下，抗压强度逐渐增加。由此可知，粉煤灰对透水混凝土的抗压强度影响较大，适量的粉煤灰掺入，可以在不显著降低混凝土透水性的前提下，提高其力学性能。这是因为粉煤灰的球形颗粒能够填充混凝土中的微细孔隙，使得整体结构更加紧密，同时保留了足够的孔隙率，以保证混凝土的透水性能。

　　（3）硅灰、粉煤灰复掺比例对抗压的影响。硅灰、粉煤灰复掺比例对抗压强度的影响如图 6-5 所示。

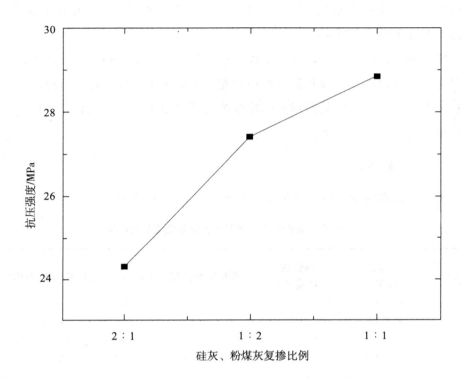

图 6-5　硅灰、粉煤灰复掺比例对抗压强度的影响

由图 6-5 可知，硅灰掺量对透水混凝土的影响小于粉煤灰掺量对透水混凝土的影响，当粉煤灰掺量逐渐增加时，混凝土抗压强度也逐渐增加。

硅灰由于其超细颗粒和高活性，在掺入混凝土后，可以填充水泥颗粒之间的微小孔隙，形成更加紧密的内部结构。这种填充效应不仅提高了混凝土的密实度，还显著提高了其抗压强度。硅灰的火山灰效应使其能够与水泥水化产物中的氢氧化钙反应，这进一步提高了混凝土的强度和耐久性。同时，硅灰的细颗粒分布均匀，能够增加混凝土的黏结力，减少裂缝的产生和扩展，显著改善混凝土的抗裂性能。

粉煤灰的球形颗粒结构使混凝土具有良好的流动性和分散性，它在混凝土中充当了微集料的角色。粉煤灰的掺入能够有效改善混凝土的工作性能，使混凝土更加易于搅拌和施工。粉煤灰的火山灰效应与硅灰类似，能够与水泥水化

119

产物反应，生成具有胶凝性能的物质，这些物质填充了混凝土中的微细孔隙，提高了混凝土的密实度和抗压强度。

综上所述，硅灰与粉煤灰的复掺能够显著提高透水混凝土的综合性能，优化混凝土的透水性能。硅灰的细颗粒填充了混凝土中的微细孔隙，提高了密实度和抗压强度，而粉煤灰的球形颗粒则改善了混凝土的流动性和施工性能，使得整体性能达到了最优平衡。

2. 抗劈裂强度

重矿渣透水混凝土抗劈裂强度分析结果见表6-6所列。

表6-6　重矿渣透水混凝土抗劈裂强度分析结果

序号	硅灰掺量 /%	粉煤灰掺量 /%	粗细集料质量比 /%	抗劈裂强度 /MPa
1	3.00	0	50	4.63
2	6.00	0	50	4.86
3	9.00	0	50	4.16
4	0	10	50	4.02
5	0	15.00	50	4.25
6	0	20.00	50	3.70
7	6.66	3.33	50	3.93
8	3.33	6.66	50	4.08
9	5.00	5.00	50	4.13

由表6-6可知，影响重矿渣透水混凝土的抗劈裂强度因素主次为硅灰掺量

大于硅灰掺量、粉煤灰掺量大于粉煤灰掺量。

（1）硅灰对抗劈裂强度影响。硅灰掺量对抗劈裂强度的影响如图 6-6 所示。

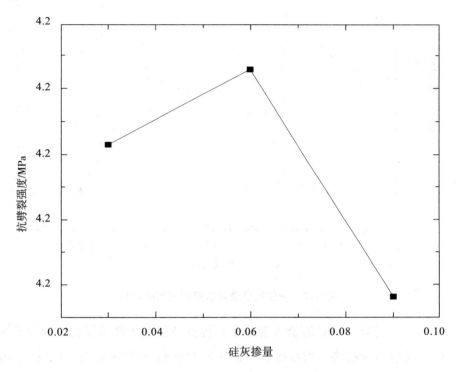

图 6-6　硅灰掺量对抗劈裂强度的影响

由图 6-6 可知，重矿渣透水的抗劈裂强度随硅灰掺量的增加呈现先增加再减小的趋势，当硅灰掺量达到 6% 时，抗劈裂强度达到最大，之后开始减小，减小趋势大于增加趋势。原因是硅灰掺量的变化，使重矿渣透水混凝土在凝结后抗劈裂性能增加，但硅灰掺量过大，会使水泥掺量减少，使得抗劈裂强度变小。因此，根据实际的使用环境条件选择合适的硅灰掺量比，对制备重矿渣透水混凝土至关重要。

（2）粉煤灰对抗劈裂强度影响。粉煤灰掺量对抗劈裂强度影响如图 6-7 所示。

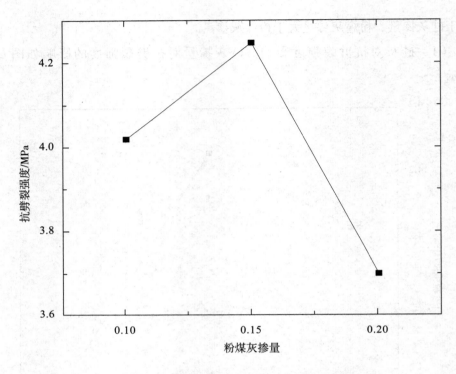

图 6-7　粉煤灰掺量对抗劈裂强度的影响

由图 6-7 可知，重矿渣透水混凝土的抗劈裂强度随着粉煤灰掺量的增加呈现先减小再增加的趋势，当粉煤灰掺量达到 15% 时抗劈裂强度最大，这是因为粉煤灰掺量过低，水泥掺量影响大于粉煤灰掺量，当达到一定数值时，混凝土在粉煤灰掺量的增加下，抗劈裂强度逐渐增加。

（3）硅灰、粉煤灰复掺比例对抗劈裂的影响。硅灰、粉煤灰掺量比例对抗劈裂强度的影响如图 6-8 所示。

由图 6-8 可知，硅灰掺量对透水混凝土的影响小于粉煤灰掺量对透水混凝土的影响，随着粉煤灰掺量逐渐增加，混凝土抗劈裂强度也在逐渐增加。在实际工程中，结合工程及环境施工情况选择合适的比例十分重要。

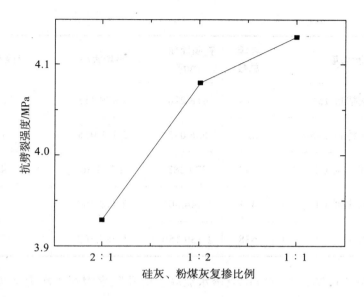

图 6-8　硅灰、粉煤灰复掺比例对抗劈裂强度的影响

6.3.2　矿物掺和料对重矿渣集料透水混凝土孔隙率影响

1. 透水混凝土孔隙率分析

重矿渣透水混凝土孔隙率分析见表 6-7 所列。

表 6-7　重矿渣透水混凝土孔隙率分析

试验掺量	孔隙总数	孔隙面积 / mm²	平均大小	孔隙率 /%
硅灰掺量 3%	350	32 143	1 825.75	16.541
硅灰掺量 6%	369	466 433	1 264.046	17.213
硅灰掺量 9%	437	1 143 667	2 617.087	18.155
粉煤灰掺量 10%	425	543 639	1 279.151	13.497

续表

试验掺量	孔隙总数	孔隙面积/mm²	平均大小	孔隙率/%
粉煤灰掺量 15%	418	618 270	1 479.115	12.821
粉煤灰掺量 20%	325	686 093	2 111.055	11.375
硅灰粉煤灰比例（2∶1）	447	779 282	1 743.36	14.067
硅灰粉煤灰比例（1∶2）	413	1 444 305	3 497.107	24.025
硅灰粉煤灰比例（1∶1）	638	1 139 150	1 785.502	17.995

由表 6-7 可知，影响重矿渣透水混凝土的孔隙率因素主次为硅灰、粉煤灰复掺大于硅灰大于粉煤灰。

2. 硅灰掺量对孔隙率的影响

硅灰掺量对孔隙率的影响如图 6-9 所示。

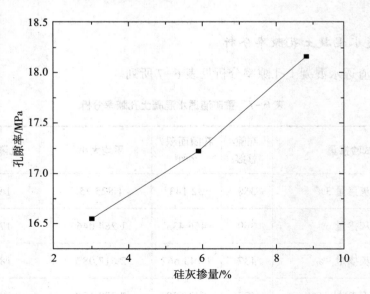

图 6-9　硅灰掺量对孔隙率的影响

124

由图 6-9 可知，重矿渣透水的孔隙率随硅灰掺量的增加而增加。造成这种现象的原因是随着硅灰掺量的增加，因为孔隙多，试块的结构强度逐渐降低。所以，根据实际的使用环境条件，选择合适的硅灰掺量比对制备重矿渣透水混凝土至关重要。

3.粉煤灰掺量对孔隙率的影响

粉煤灰掺量对孔隙率的影响如图 6-10 所示。

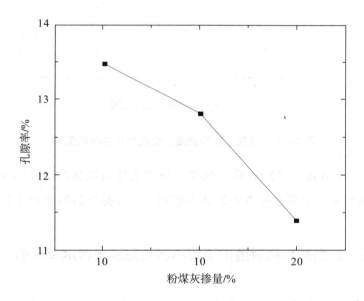

图 6-10　粉煤灰掺量对孔隙率的影响

由图 6-10 可知，透水混凝土的孔隙率随着粉煤灰掺量的增加而逐渐减小。造成这种现象的原因是随着粉煤灰掺量的增加，透水混凝土的孔隙被大量封堵，使得孔隙率降低；但当粉煤灰掺量达到 15% 后，孔隙率下降的趋势增大。所以，根据实际的使用环境条件，选择合适的粉煤灰掺量比对制备重矿渣透水混凝土至关重要。

4.硅灰、粉煤灰复掺比例对孔隙率的影响

硅灰、粉煤灰复掺比例对孔隙率的影响如图 6-11 所示。

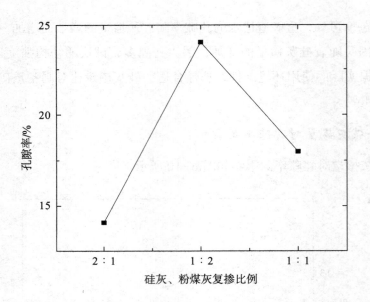

图 6-11　硅灰、粉煤灰复掺比例对孔隙率的影响

由图 6-11 可知，当硅灰掺量减少、粉煤灰掺量增加时，孔隙率呈上升趋势，若采用硅灰、粉煤灰复掺类型透水混凝土，选择合适的比例十分重要。

6.3.3　矿物掺和料对重矿渣集料透水混凝土透水率影响

1. 透水混凝土表透水系数分析

重矿渣透水混凝土透水系数分析结果见表 6-8 所列。

表 6-8　重矿渣透水混凝土透水系数分析结果

序号	硅灰复掺 /%	粉煤灰复掺 /%	粗细集料质量比 /%	透水系数 / (mm · s⁻¹)
1	0	0	50	0.553
2	3.00	0	50	0.243
3	6.00	0	50	0.504

续表

序号	硅灰 复掺 /%	粉煤灰 复掺 /%	粗细集料质量比 /%	透水系数 /（mm·s⁻¹）
4	9.00	0	50	0.547
5	0	10.00	50	0.562
6	0	15.00	50	0.620
7	0	20.00	50	0.198
8	6.66	3.33	50	0.358
9	3.33	6.66	50	0.300
10	5.00	5.00	50	0.281

由表6-8可知，影响重矿渣透水混凝土的透水系数因素主次为，粉煤灰复掺大于硅灰大于硅灰、粉煤灰复掺。

2. 硅灰掺量对透水系数的影响

硅灰复掺掺量对透水系数的影响如图6-12所示。

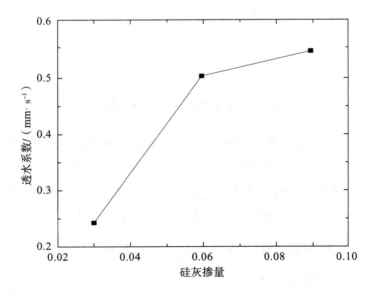

图6-12　硅灰参量对透水系数的影响

由图 6-12 可知，重矿渣透水的透水系数随硅灰掺量的增加而增加，但当硅灰掺量达到 6% 以后增加趋势变缓。所以，应根据实际的使用环境条件，选择合适的硅灰掺量。

3. 粉煤灰掺量对透水系数的影响

粉煤灰掺量对透水系数的影响如图 6-13 所示。

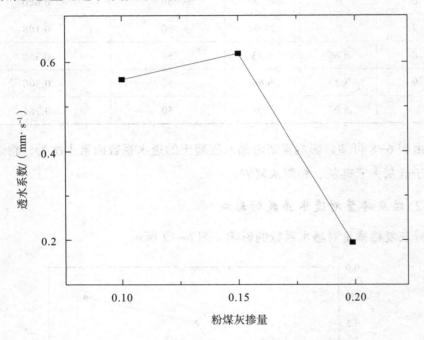

图 6-13 粉煤灰掺量对透水系数的影响

由图 6-13 可知，重矿渣混凝土的透水系数随着粉煤灰掺量的增加呈现先增加后减小的趋势，造成此种现象的原因可能是因为粉煤灰掺量增加，把混凝土的内部孔隙封住，使得孔隙率减小，透水率下降。所以，根据实际的使用环境条件选择合适的粉煤灰掺量，对制备重矿渣透水混凝土至关重要。

4. 硅灰、粉煤灰复掺比例对透水系数的影响

硅灰、粉煤灰复掺比例对透水系数的影响如图 6-14 所示。

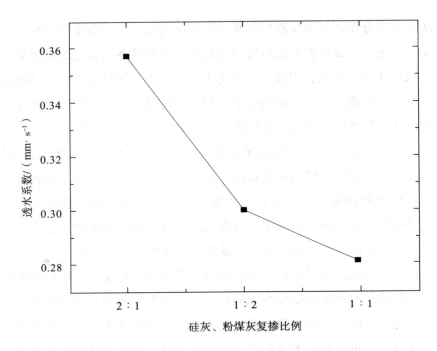

图 6-14　硅灰、粉煤灰复掺比例对透水系数的影响

由图 6-14 可知，随着粉煤灰掺量的增加，透水系数逐渐下降，因此在实际工程中选择合适的比例十分重要。

6.3.4　现代统计分析方法在矿物掺和料研究中的应用

为了全面评估不同矿物掺和料对重矿渣透水混凝土性能的影响，现代统计分析方法如灰色关联分析被广泛应用。灰色关联分析是一种基于灰色系统理论的统计分析方法，能够在小样本情况下，通过计算关联度，对多个影响因素进行综合评价和优化。灰色关联分析的核心思想是通过系统内部各因素的关联度，揭示其相互关系的紧密程度，从而实现对系统行为的全面评估。这种方法特别适用于样本数量较少且数据不完整的研究场景，因此在矿物掺和料对透水混凝土性能影响的研究中具有重要的应用价值。

灰色关联分析的具体步骤包括数据的标准化处理、关联度的计算和关联度排序等。首先，将试验数据进行标准化处理，以消除各指标量纲的差异，使其在同一尺度上进行比较。其次，计算各掺和料配比下的关联度，关联度越大，表示该配比对性能指标的影响越显著。利用关联度排序，可以直观地找出不同掺和料配比对各性能指标的影响程度，从而确定合适的配比方案。

灰色关联分析不仅可以全面评估不同矿物掺和料配比下的各项性能指标，还能为优化掺和料配比提供科学依据。在实际工程应用中，利用这种方法，可以快速评估各种掺和料组合的性能表现。例如，在进行透水混凝土配比设计时，可以根据灰色关联分析结果，优先选择关联度较高的掺和料组合，从而保证混凝土在满足强度要求的同时，具备良好的透水性和耐久性。

灰色关联分析还可以应用于多因素的综合评价和优化。在矿物掺和料研究中，不同掺和料对透水混凝土性能的影响可能是多方面的，如硅灰对抗压强度和耐久性的贡献较大，而粉煤灰则对改善施工性能和透水性有显著作用。利用灰色关联分析，可以综合考虑各因素的作用效果，确定合适的掺和比例，使不同掺和料的优点都能发挥出来。

6.4 矿物掺和料对重矿渣透水混凝土微观结构的影响

6.4.1 硅灰掺量对重矿渣透水混凝土微观结构的影响

不同硅灰掺量的重矿渣透水混凝土的微观结构如图 6-15 所示。

（a）不掺硅灰时的微观结构　　　　　（b）硅灰掺量为 3% 时的微观结构

（c）硅灰掺量为 6% 时的微观结构　　　　（d）硅灰掺量为 9% 时的微观结构

图 6-15　不同硅灰掺量的重矿渣透水混凝土的微观结构图

由图 6-15 可知，不掺硅灰时的透水混凝土浆体微观结构相对疏松，紧密性和整体性较差；当硅灰掺量为 3% 时，透水混凝土的浆体大多呈细小颗粒，少部分结合成一个小板块，结构也很不紧凑，细小颗粒附着在板块上；当硅灰掺量为 6% 时，透水混凝土浆体微观结构结合在一起形成几个大的集合体，集合体内有较少的孔隙，集合体间存在一条较大缝隙，缝隙中有细丝相连，因此抗压强度和抗劈裂强度较强；当硅灰掺量为 9% 时，透水混凝土浆体的微观结构呈现晶体状，晶体间未看到明显的孔洞和缝隙，结构紧密相连。

6.4.2　粉煤灰掺量对重矿渣透水混凝土微观结构的影响

不同粉煤灰掺量的重矿渣透水混凝土的微观结构如图 6-16 所示。

（a）不掺粉煤灰时的微观结构　　　（b）粉煤灰掺量为 5% 时的微观结构

（c）粉煤灰掺量为 10% 时的微观结构　　　（d）粉煤灰为 15% 时的微观结构

图 6-16　不同粉煤灰掺量的重矿渣透水混凝土的微观结构图

由图 6-16 可知, 不掺粉煤灰的透水混凝土浆体微观结构如面包内部一样, 浆体微观结构相对疏松, 存在较多孔隙, 紧密性和整体性较差; 当粉煤灰掺量为 5% 时, 透水混凝土浆体的微观结构以一小堆颗粒的形式黏结一起, 有些以板状存在, 较多以孔洞存在, 结构间黏结不明显, 整体性不够紧凑; 当粉煤灰掺量为 10% 时, 透水混凝土浆体的微观结构大部分呈现部分晶体状颗粒, 小部分显示为细小颗粒, 晶体与颗粒间存在细小孔洞, 整体性紧凑相连; 当粉煤灰掺量为 15% 时, 透水混凝土浆体的表面多为细小的颗粒, 颗粒间有细小孔洞, 整体黏结性较弱, 有时呈现较大孔洞, 孔洞间以细丝相连。

6.4.3　硅灰与粉煤灰复掺对重矿渣透水混凝土微观结构的影响

不同比例硅灰、粉煤灰复掺的重矿渣透水混凝土的微观结构如图 6-17 所示。

（a）不掺掺和料时的微观结构　　　（b）硅灰：粉煤灰为 2：1 时的微观结构

（c）硅灰：粉煤灰为 1 : 2 时的微观结构　（d）硅灰：粉煤灰为 1 : 1 时的微观结构

图 6-17　不同比例硅灰、粉煤灰复掺的重矿渣透水混凝土的微观结构

由图 6-17 可知，不掺掺和料的透水混凝土浆体微观结构如面包内部一样，浆体微观结构相对疏松，存在较多孔隙，紧密性和整体性较差；当硅灰与粉煤灰掺量质量比为 2 : 1 时，透水混凝土浆体微观结构呈现较大晶体状颗粒，附着很多细小颗粒，它们紧密相连，很多晶体状颗粒间存在较大孔隙；当硅灰与粉煤灰掺量质量比为 1 : 2 时，透水混凝土浆体微观结构上有很多细小颗粒紧密相连，还有如浆体状的物质，有的浆体状物质有裂缝出现，存在孔洞，整体较为紧密；当硅灰与粉煤灰掺量质量比为 1 : 1 时，透水混凝土浆体微观结构由较大块状物体组成，表面附着很多网状物体，无较明显孔隙。

第7章 不同纤维对重矿渣集料透水混凝土性能的影响

混凝土材料已经被使用了很多年，其性质基本满足需要。然而，随着社会经济的发展，人们对混凝土的性能和经济要求越来越多，也越来越高。为此，纤维混凝土和透水混凝土应运而生。重矿渣透水混凝土作为一种多孔材料，其内部本身就存在很多相互连通的有害孔，而杂乱无序的聚丙烯纤维和玄武岩纤维可以降低混凝土的孔隙率，减少混凝土中的有害孔，使混凝土的结构分布趋于合理，提高密实度，有利于改善混凝土的力学性能。为了提高重矿渣透水混凝土的工程适用性，促进海绵城市建设，我们设计了以聚丙烯纤维和玄武岩纤维为自变量的试验，主要研究聚丙烯和玄武岩这两种纤维对重矿渣透水混凝土透水性、抗压强度、劈裂强度和孔结构的影响，并根据试验结果分析了这两种纤维的最佳掺量。

试验发现，透水系数和透水率会随着聚丙烯纤维和玄武岩纤维掺量的增加而逐渐降低。这是由于聚丙烯纤维和玄武纤维的加入，使得混凝土的内部结构变得更加密实，孔隙率也有所降低，从而阻塞了水分的渗透路径，导致透水性下降。

试验结果还表明，聚丙烯纤维和玄武岩纤维能对重矿渣透水混凝土的抗压强度起到显著的提高作用。研究发现，聚丙烯纤维和玄武岩纤维的最佳掺量为1%。这一掺量在提升重矿渣透水混凝土抗压强度的同时，并不会显著影响其他性能。

在抗劈裂强度方面，聚丙烯纤维和玄武岩纤维对混凝土的影响有所不同。随着聚丙烯纤维掺量的增加，混凝土的抗劈裂强度反而降低。这可能是由于聚丙烯纤维在混凝土中分布不均匀，导致内部应力集中，降低了劈裂强度。而玄武岩纤维则表现出不同的趋势，随着掺量的增加，混凝土的抗劈裂强度先增加后降低。初期的增强作用可能是由于玄武岩纤维提高了混凝土的韧性和抗裂性能，但当掺量过多时，纤维间的相互作用和缠绕效应则会导致劈裂强度再次下降。

通过使用 Image-Pro Plus 软件分析平面孔结构的基本特征，试验还揭示了纤维对混凝土孔结构的影响。结果显示，随着聚丙烯纤维和玄武岩纤维的加入，大孔数量减少，小孔数量增加，这使透水混凝土试块的内部结构变得更加紧密。虽然这种结构有利于提高混凝土的抗压强度，却不利于水的排放，会导致孔隙率和透水系数降低。这种孔结构变化说明，虽然纤维的加入可以增强混凝土的力学性能，但需要在透水性和结构密实度之间进行权衡，以实现最佳的综合性能。

7.1 概　　述

随着技术的不断发展，透水混凝土的透水性和强度有了显著提高。然而，透水混凝土强度过高会导致材料的耐久性变差，如出现在没有荷载情况下产生裂缝等问题，最终导致透水混凝土的脆性增加，影响其使用年限。耐久性变差不仅限制了透水混凝土在长期使用中的表现，还对其整体结构稳定性产生了负面影响。对此，许多研究人员提出了在透水混凝土中掺入纤维的方法，目的是提高其韧性和抗裂性能。通过掺入纤维，透水混凝土的结构得到了优化，不仅增强了抗渗透和抗冻性能，还显著提高了抵抗腐蚀的能力。纤维混凝土的发展，使透水混凝土在极端环境下的表现更加优秀，延长了其使用寿命。同时，纤维的加入能够有效缓解由于强度过高带来的脆性问题，使材料在受力情况下更加柔韧，减少了裂缝的产生。这种改性方法为透水混凝土的应用提供了新的思路和技术支持，确保其在各类工程中的长期稳定性和可靠性。通过纤维的掺入，透水混凝土不仅在性能上得到了全面提升，还在实际使用中表现出更高的安全性和耐久性。

在杨海峰等人（2023）的研究中，以钢纤维体积率和压应力比为参数进行的 60 个钢纤维混凝土试件的直剪和压－剪试验，为深入理解钢纤维混凝土的力学行为提供了宝贵的数据支持。试验结果表明，剪切强度和峰值剪切位移均随着压应力的增大而增大，这一现象揭示了在较高压应力条件下，混凝土内部的颗粒间进行着更为紧密的相互作用，从而能够承受更大的剪切力。这一发现对在实际工程中承受较大压力的混凝土结构设计具有重要的指导意义。研究发现，随着钢纤维体积率的增加，剪切强度呈现先增后减的趋势。这意味着在一定的体积率范围内，钢纤维的加入能够显著地提高混凝土的剪切强度，但超过某一特定体积率后，由于纤维的过度密集分布，可能导致纤维之间相互干扰和团聚，反而不利于混凝土内部应力的均匀传递，从而使剪切强度下降。这一结果提醒人们，在实际应用中，需要合理控制钢纤维的掺入量，以达到最佳的增强效果。试验结果中，关于峰值剪切位移的变化规律，显现得虽然并不明显，但也反映出，钢纤维体积率对位移的影响是一个复杂的多因素作用过程。这可能涉及纤维与混凝土基体之间的界面特性、纤维的分布形态以及混凝土内部的微观结构变化等多个方面。此外，压应力比的增大显著地减缓了损伤发展，表明在较高压应力下，混凝土的损伤过程较为缓慢。这一发现为提高在长期使用中的混凝土结构的耐久性提供了新的思路。通过合理设计结构，混凝土能够在工作状态下承受适当的压应力，可以有效地延长混凝土的使用寿命，减少因损伤累积而导致的结构失效风险。

杨海峰提出的损伤本构模型和压－剪强度公式的计算结果与试验值的良好吻合，不仅验证了其研究方法的科学性和准确性，更为实际工程中的钢纤维混凝土结构设计提供了可靠的理论依据。这使工程师在设计阶段能够更加准确地预测结构的力学性能，优化设计方案，确保结构的安全性和经济性。对纤维混凝土的研究并不局限于钢纤维，还有诸如玻璃纤维、碳纤维等其他类型的纤维也在不断地被探索和应用。玻璃纤维具有良好的耐腐蚀性和电绝缘性，适用于一些特殊环境下的混凝土结构；碳纤维则以其较高的强度和轻质的特点，在对强度要求极高的领域有着广阔的应用前景。不同类型纤维的特性和作用机制各异，因此在实际应用中需要根据具体的工程需求和使用条件选择合适的纤维类型和掺入量。例如，在对抗腐蚀性能要求较高的海洋工程中，玻璃纤维可能是更优的选择；而在追求轻量化和高强度的航空航天领域，碳纤维则可能更受青睐。

纤维混凝土的制备工艺和施工技术对其性能也有着重要影响。合理的搅拌工艺能够确保纤维在混凝土中均匀分布，避免纤维团聚现象的发生；而恰当的浇筑和养护方法则有助于提高纤维与混凝土基体之间的黏结强度，充分发挥纤维的增强作用。在未来的研究中，一方面需要进一步深入地探究不同类型和掺量的纤维与混凝土基体之间的微观作用机制，为优化纤维混凝土的性能提供理论基础；另一方面，应该结合实际工程需求，开展更多大规模的现场试验和长期性能监测，以验证纤维混凝土在复杂环境和长期使用条件下的可靠性和耐久性。

同时，人们也应该认识到，对纤维混凝土的长期性能和它对环境的影响也需要进行更加系统和深入的研究。长期暴露在自然环境中的纤维混凝土，其性能是否会随着时间的推移而发生变化？纤维的存在是否会对周围的生态环境产生潜在的影响？这些问题都需要通过长期的监测和研究来解答，以确保纤维混凝土的应用不仅能够满足当前的工程需求，还能够符合可持续发展的长远目标。

7.2　重矿渣集料透水混凝土纤维试验设计

本节旨在通过探讨重矿渣集料透水混凝土中纤维的应用，提高混凝土的整体性能。在重矿渣料透水混凝土掺入纤维，能够显著改善透水混凝土的力学性能，提高其耐久性，特别是在抗压强度、抗劈裂强度和抗裂性能方面。试验设计将以不同类型和掺量的纤维为变量，系统研究这种纤维对重矿渣集料透水混凝土性能的影响。通过科学的试验设计和详细的数据分析，本书期望为实际工程应用提供可靠的技术支持和优化建议，以进一步推动透水混凝土在海绵城市建设等领域的应用。

7.2.1　原材料

水泥、水、集料、矿物掺和料、外加剂等组分在前文已有论述，这里不再赘述。

1. 聚丙烯纤维

聚丙烯纤维能够明显改善混凝土的抗裂、防冻等性能，它的密度为 $0.90 \sim 0.92 \ \text{g/cm}^3$，具备高强度、良好的弹性、耐磨和耐热等优越性能。通过掺入聚丙烯纤维，混凝土的抗裂性能得到了显著提升。这是因为纤维在混凝土内部形成了一个三维网络结构，有效地阻止了裂缝的扩展，从而增强了混凝土的韧性和整体强度。聚丙烯纤维的耐磨和耐热性能使其在各种极端环境下仍能保持稳定的性能，这对提高混凝土的防冻能力尤其重要。材料主要性能指标见表 7-1 所列，材料形貌如图 7-1 所示。

表 7-1　聚丙烯纤维性能指标

纤维类型	抗酸碱性	熔点/℃	抗低温性	拉伸极限	抗拉强度/MPa	比重/(g·cm⁻³)	弹性模量/GPa	纤维直径/μm	自分散性
束状单丝	极高	> 165	强	> 15%	> 358	0.91	> 3.5	18 ～ 48	好

图 7-1　聚丙烯纤维

2. 玄武岩纤维

玄武岩纤维是一种由天然玄武岩熔融拉制而成的连续纤维，其颜色通常为褐色。玄武岩纤维是一种新型无机环保高性能纤维材料，具有优异的电绝缘、耐腐蚀和耐高温性能。由于玄武岩纤维由天然矿石制成，废弃后可在环境中生物降解，对环境无害，所以我国已将玄武岩纤维列为重点发展的四大纤维之一，实现了工业化生产。玄武岩纤维已在纤维增强复合材料、摩擦材料、造船材料、隔热材料、汽车行业等领域得到了广泛的应用。通过表面改性技术，玄武岩纤维在水质净化和功能服装领域也展现出巨大的应用潜力。此外，2024 年 6 月 3 日，嫦娥六号成功展示了由玄武岩纤维制成的"石头版"国旗，标志着我国在玄武岩纤维领域的技术突破和创新应用。玄武岩纤维材料性能指标见表 7-2 所列，材料形貌如图 7-2 所示。

表 7-2　玄武岩纤维性能指标

拉伸强度 /GPa	电阻率 /(Ω·m)	软化点 /℃	最高使用温度 /℃	最低使用温度 /℃	纤维密度 /(g·cm⁻³)	热传导系数 /(W·m⁻¹·K)	耐化学性
3.0～4.8	1 012	960	700	−258	2.6～2.8	0.031～0.038	耐酸碱性

图 7-2　玄武岩纤维

7.2.2　原材料透水混凝土配合比设计

1. 土配合比计算

在做重矿渣透水混凝土试验时,配合比对重矿渣透水混凝土的影响是非常重要的。通过规范和要求,本次试验混凝土水灰比设定在 0.2～0.24,经过动手试验，制作了四组不同的水灰比重矿渣透水混凝土，分别是 0.2、0.22、0.23、0.24。孔隙率设定为 0.3，通过水灰比和孔隙率以及集料质量来初步确定试验最佳配合比。当水灰比为 0.2 时，做出来的试块孔隙较大，集料不能被水泥浆体包裹，导致重矿渣透水混凝土强度下降。当水灰比较大时，重矿渣透水混凝土试块有沉浆现象，会导致试块孔隙堵塞，透水效果会大大降低。因此，选择合理的水灰比至关重要。通过对采用这四组水灰比分别做出的试块做对比，确定本次试验最佳水灰比为 0.24。

集料粒径大小也会影响重矿渣透水混凝土的性能，单掺一种集料制成的重矿渣透水混凝土的透水性较好，但是对强度有很大的影响，即强度会有所降低。所以，为了避免这种情况，本次试验选用两种粒径不同的集料相互混合使用。集料粒径选用 2.5 ～ 5 mm 和 5 ～ 10 mm 两种，两种集料的级配按照 1 ∶ 1 的比例混合使用。

重矿渣透水混凝土试验的配合比的主要原材料为水泥、水、矿渣集料、粉煤灰、硅灰、玄武岩纤维、聚丙烯纤维、增强剂、减水剂。体积等于内部孔隙率与各原材料的体积之和。所以本试验采用体积法来计算配合比，计算公式如下：

$$P + \frac{m_g}{\rho_g} + \frac{m_c}{\rho_c} + \frac{m_w}{\rho_w} = 1 \tag{7-1}$$

式中，P 为设计孔隙率（取值为 30%）；

m_g 为集料单位体积水的用量（kg/m³）；

ρ_g 为集料的表观密度（kg/m³）；

m_c 为单位体积水泥的用量（kg/m³）；

ρ_g 为水泥的表观密度（kg/m³）；

m_w 为单位体积水的用量（kg/m³）；

ρ_w 为水的表观密度（kg/m³）。

注意：30% 为设定的孔隙率，因为添加剂的用量较小，所以添加剂的用量按胶凝材料的总量的百分比计算，添加剂为减水剂和增强剂，减水剂掺量为 0.2%，增强剂的掺量为 3.5%。

2. 重矿渣透水混凝土配合比

重矿渣透水混凝土配合比见表 7-3 所列。

表 7-3　重矿渣透水混凝土配合比　　　　　　单位：kg

水泥	粗集料	细集料	水	粉煤灰	硅灰	增强剂	减水剂
351.9	630	630	93.9	19.5	19.5	13.69	0.786

3. 重矿渣透水混凝土加入纤维的配合比试验方案

在重矿渣透水混凝土中加入一定量的聚丙烯纤维和玄武岩纤维后，改善了混凝土的相关性能。根据国内外工程实践和工程试验所总结的结果，取相应纤维的掺量作为本次试验的研究对象。聚丙烯纤维和玄武岩纤维的体积掺量分别按三个层次进行本次试验研究，两种纤维的体积掺量都分别为 0.5%、1%、1.5%。

聚丙烯纤维对重矿渣透水混凝土和孔结构有较大的影响。以聚丙烯纤维的体积掺量为自变量作为本次试验的研究，则重矿渣透水混凝土加入聚丙烯纤维的配合比见表 7-4 所列。

表 7-4　重矿渣透水混凝土加入聚丙烯纤维的配合比

序号	水灰比	单位体积用量 /（Kg·m⁻³）								聚丙烯纤维 /%
		水泥	粗集料	细集料	水	粉煤灰	硅灰	增强剂	减水剂	
1	0.24	351.9	630	630	93.9	19.5	19.5	13.69	0.786	0
2	0.24	351.9	630	630	93.9	19.5	19.5	13.69	0.786	0.5
3	0.24	351.9	630	630	93.9	19.5	19.5	13.69	0.786	1.0

序号	水灰比	单位体积用量 /（Kg·m⁻³）								聚丙烯纤维 /%
		水泥	粗集料	细集料	水	粉煤灰	硅灰	增强剂	减水剂	
4	0.24	351.9	630	630	93.9	19.5	19.5	13.69	0.786	1.5

玄武岩纤维对重矿渣透水混凝土和孔结构也有较大的影响。以玄武岩纤维的体积掺量为自变量作为本次试验的研究，则重矿渣透水混凝土加入玄武岩纤维的配合比见表 7-5 所列。

表 7-5　重矿渣透水混凝土加入玄武岩纤维的配合比

序号	水灰比	单位体积用量 /（Kg·m⁻³）								玄武岩纤维 /%
		水泥	粗集料	细集料	水	粉煤灰	硅灰	增强剂	减水剂	
1	0.24	351.9	630	630	93.9	19.5	19.5	13.69	0.786	0
2	0.24	351.9	630	630	93.9	19.5	19.5	13.69	0.786	0.5
3	0.24	351.9	630	630	93	19.5	19.5	13.69	0.786	1.0
4	0.24	351.9	630	630	93.9	19.5	19.5	13.69	0.786	1.5

7.2.3　重矿渣透水混凝土的制备与成型工艺

1. 矿渣石的破碎

本次试验所使用的矿渣石由某环化公司提供。为了确保矿渣石的粒径和质量符合试验要求，需要将运来的矿渣石放入调整好的破碎机中进行二次破碎。破碎机的调整确保了矿渣石在破碎过程中达到预期的粒度分布。破碎过程开始后，矿渣石经过破碎机的强力挤压和研磨，逐步被粉碎成较小的颗粒。随后，破碎后的矿渣石通过筛分设备进行分级筛选，筛除过大或过小的颗粒，确保所需粒径的集料能够通过筛网。在破碎和筛分完成后，还需要进行排尘处理，以减少粉尘对环境和试验操作的影响。筛分后的矿渣石应按粒径大小进行分类和存储，以备后续的混合和成型试验。

2. 重矿渣透水混凝土的制备

重矿渣透水混凝土是一种生态环保的混凝土材料，其通过特殊工艺制作而成，具有连续的孔隙结构，具备优良的透水、透气性能和较强的强度。因重矿渣透水混凝土独特的结构性质与普通混凝土不同，因此在设计配合比时，不能采用传统的普通混凝土的设计方法，而需要针对其特性进行特殊设计。经过一系列的试验研究发现，不同的水灰比对重矿渣透水混凝土的性能有不同的影响。目前，较为合适的水灰比通常在 0.20～0.24。根据试验数据，本次试验研究确定的最佳水灰比为 0.24。这一比例能够在保证重矿渣透水混凝土强度的同时，保持重矿渣透水混凝土良好的透水性和工作性能。

在制备重矿渣透水混凝土的过程中，投料顺序对混凝土的工作性能也有着重要影响。为了使新拌的混凝土能够完全包裹集料，从而得到最佳的工作性能，需要严格地控制投料顺序。目前常用的有三种试验方案的投料方法：水泥净浆法、一次性投料法和水泥包裹法。

水泥净浆法是先在搅拌锅里制备水泥浆体，将水泥、水和矿物掺料加入锅中充分搅拌，然后再加入集料和纤维，使浆体完全包裹集料。虽然水泥净浆法可以在一定程度上保证浆体的均匀性，但因其难以使浆体厚度保持一致性，容易造成集料表面浆体厚度不均匀，因此会对重矿渣透水混凝土的性能产生较大影响，例如，使混凝土的强度和透水性受到影响。

一次性投料法则是将所有集料、水泥和矿物掺料统一放入搅拌机中，充分搅拌后，最后加入水等液体，再搅拌成型。一次性投料法操作简便，快捷方便，但制作出来的混凝土强度较低，且混合物的均匀性较差。由于一次性投料无法确保所有材料充分混合，导致混凝土的强度和耐久性不理想，因此不适合需要高性能要求的重矿渣透水混凝土。

水泥包裹法则是先将部分水和集料加入搅拌机中进行搅拌，使集料湿润后，再加入矿物掺料和水泥，最后加入剩余的水和减水剂，充分搅拌成型。虽然水泥包裹法较为复杂，操作过程烦琐，但能够确保重矿渣透水混凝土的最佳工作性能。在此方法中，集料和浆体的结合更加紧密，混凝土的强度和透水性也更为理想。因此，水泥包裹法在实际生产中被广泛采用，特别是对于高性能要求的重矿渣透水混凝土。

通过三种投料方法的试验方案的对比，本次试验选择的是水泥包裹法。

目前，重矿渣透水混凝土配合比常用的方法有三种：体积法、质量法和比表面积法，具体操作如下。

（1）在试验前先检查搅拌机的安全性，再准备制作重矿渣透水混凝土，此时先添加水泥、粉煤灰、硅灰、矿渣集料和增强剂。

（2）搅拌 60 s 后，将分散的纤维放入搅拌锅里。需要注意的是，纤维分散较差，所以在试验前应用人工将纤维分散。这样的做法会使纤维在透水混凝土中分布得比较均匀，达到较好的试验效果。

（3）添加纤维搅拌后，将减水剂添加到水中充分搅拌，然后将 50% 的液体倒入搅拌锅中，充分搅拌。

（4）添加湿润状态的拌和料，搅拌 90 s。

（5）添加剩余的水，搅拌 120 s。

（6）新拌的透水混凝土制作成功，如图 7-3 所示。

图 7-3　新拌制透水混凝土

3. 重矿渣透水混凝土的成型和养护

重矿渣透水混凝土又称多孔混凝土，是一种具有大孔隙率的混凝土材料。多孔混凝土独特的结构通过集料之间的相互接触，并通过裹浆层黏结在一起，形成大量蜂窝状孔隙。由于这些孔隙结构的存在，因此选择合适的成型方法至关重要，以确保混凝土的密实度和强度，同时保持混凝土的透水性。目前，透水混凝土的成型方法主要有三种：静压成型法、振动成型法和人工振捣成型法。在使用这些成型方法时，先必须用凡士林涂抹模具的四周，以确保在脱模时顺利脱下。

静压成型法是先将新拌的混凝土放入模具中，按照规定的时间进行静压处理。在关键时刻，用刮刀刮平模具表面，然后放在压力机上进行静压处理。这种成型方法可以显著提高透水混凝土的密实度，因为压力机在静压时能够使混凝土受力均匀。这不仅提高了混凝土的密度，还增强了其强度。然而，静压成型法也有一定的负面影响，即会使混凝土的透水系数有所下降。这是因为在静压过程中，混凝土的孔隙结构受到了压缩，从而减少了水的渗透路径。

振动成型法是利用专用振动台对混凝土进行振动成型。虽然这种方法操作方便且省力，但在实际应用中会引起底部沉浆现象，不利于水的排放，从而大幅度降低混凝土的透水性能。因此，对于透水混凝土而言，振动成型法并不是理想的成型方法。

人工振捣成型法则是通过人工插捣来进行成型。具体操作是将手动搅拌后的混凝土分三次装入模具中，每次装入模具三分之一的量，然后用振捣棒进行插捣，每次四周插捣约15次，中间振捣约20次。这种分层浇筑和逐层插捣的方法，可以确保集料在模具中均匀分布。虽然这种方法能够保证透水混凝土试件的孔隙率，但浆体和集料之间的黏结强度可能无法得到充分保证，导致透水混凝土试件的后期强度达不到预期要求。

在比较了这三种成型方法后，本次试验选择了人工振捣成型法来制备透水混凝土试件。尽管人工振捣成型法在黏结强度上存在一定不足，但其对孔隙率的控制较好，能够较好地满足透水混凝土的基本要求。在成型之后，重矿渣透水混凝土的养护同样至关重要。试验采用了标准养护方法，以确保试件在养护期间能够保持最佳状态。具体步骤：试件装模后，洒水湿润并覆盖塑料薄膜进行养护，持续24 h；满24 h后，拆模并继续放入养护箱中养护28 d。通过标准养护，可以确保混凝土在硬化过程中保持适宜的湿度和温度，从而提高其强度和耐久性。重矿渣透水混凝土成样图如图7-4所示。

图 7-4　重矿渣透水混凝土成样

　　对混凝土的孔隙率和孔结构的分析也是本次试验的重要内容。孔隙率是影响透水混凝土透水性能的关键因素，通过测定孔隙率，可以了解混凝土的孔隙大小和分布情况。试验采用重量法测定试件的整体连通孔隙率，具体操作流程包括浸泡、烘干和称重等步骤。孔隙率的测定可以为优化混凝土配合比提供数据支持，确保其在满足力学性能的同时，保持良好的透水性能。孔结构的分析则通过切割试件，用砂纸打磨平整切面，并利用 Image-Pro Plus 软件分析切面孔隙率。具体操作步骤包括切割、打磨、清洗和拍摄等。通过高清图像的分析，可以详细了解混凝土的孔隙分布情况，这对优化混凝土的内部结构以及提高其力学性能和耐久性具有重要意义。

7.3　不同纤维作用下重矿渣透水混凝土性能分析

重矿渣透水混凝土是一种具有良好透水性的材料，其独特的孔结构使水可以迅速通过，但也因此使混凝土的强度有所下降。为了改善这一缺点，本次试验在重矿渣透水混凝土中加入了聚丙烯纤维，制作出了聚丙烯纤维透水混凝土。聚丙烯纤维的加入对透水混凝土的透水性、孔隙率、抗压强度、抗劈裂强度产生了显著的影响。因此，本次试验特别针对这些物理性能进行了详细的研究和分析。试验研究发现，聚丙烯纤维能够显著改变重矿渣透水混凝土的孔隙结构和力学性能。聚丙烯纤维的加入使混凝土内部的孔隙分布更加均匀，从而有效降低了孔隙率。这一变化有助于提高混凝土的密实度，进而增强其抗压强度和抗劈裂强度。聚丙烯纤维的存在还能够在一定程度上阻止裂缝的扩展，提高混凝土的抗裂性能。聚丙烯纤维对透水混凝土透水性的影响则表现为两面性：一方面，聚丙烯纤维的加入可以填充混凝土中的部分孔隙，从而降低孔隙率，进而影响透水性；另一方面，适量的聚丙烯纤维能够在混凝土内部形成支撑结构，防止孔隙闭合，从而保持一定的透水能力。因此，在设计透水混凝土配合比时，需要权衡聚丙烯纤维的掺量，以在提高力学性能的同时，尽量保持良好的透水性。本次试验研究聚丙烯纤维对重矿渣透水混凝土物理性能的结果分析见表 7-6 所列。

表 7-6　聚丙烯纤维对重矿渣透水混凝土物理性能的结果分析

序号	抗劈裂强度/MPa	抗压强度/MPa	透水系数/（mm·s⁻¹）	孔隙率 /%	聚丙烯纤维体积含量 /%
1	4.21	15.32	0.53	29.15	0
2	3.35	16.7	0.31	24.13	0.5

序号	抗劈裂强度 /MPa	抗压强度 /MPa	透水系数 /（mm·s⁻¹）	孔隙率 /%	聚丙烯纤维 体积含量 /%
3	3.52	22.47	0.24	22.31	1.0
4	3.38	21.2	0.22	21.26	1.5

7.3.1　不同掺量的聚丙烯纤维对重矿渣透水混凝土透水性能的影响分析

1. 不同掺量的聚丙烯纤维对混凝土透水系数的影响分析

通过试验对混凝土透水系数的测试，得出的分析结果见表 7-7 所列。

表 7-7　透水系数分析结果

序号	水灰比	聚丙烯纤维 体积掺量 /%	透水系数 /（mm·s⁻¹）
1	0.24	0	0.53
2	0.24	0.5	0.31
3	0.24	1.0	0.24
4	0.24	1.5	0.22

通过表 7-7 中的数据可以得知，每组透水试块有 3 个，3 个试块所测得的透水系数取平均值，最终四组测试的透水系数分别为 0.53 mm/s、0.31 mm/s、0.24 mm/s 和 0.22 mm/s。根据表 7-7 中测出的数据，画出不同掺量的聚丙烯纤维对透水系数的影响规律，如图 7-5 所示。

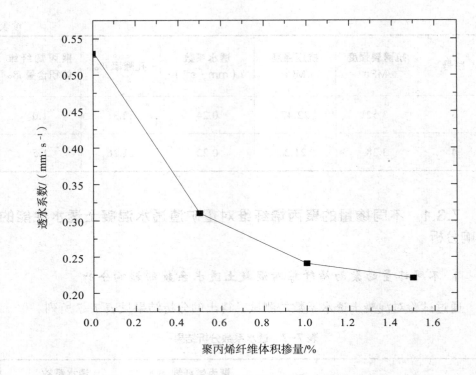

图 7-5　聚丙烯纤维体积掺量对透水系数的影响

　　根据图 7-5 中的曲线变化规律得知，加入聚丙烯纤维会使混凝土透水系数有下降的趋势，当聚丙烯纤维体积掺量为 0%、0.5%、1%、1.5% 时，四组透水系数最终分别为 0.53 mm/s、0.31 mm/s、0.24 mm/s、0.22 mm/s。对照没有加聚丙烯纤维的对照组来看，四组透水系数分别降低了 0.22 mm/s、0.29 mm/s 和 0.31 mm/s。由此可知，透水系数随着聚丙烯纤维体积掺量的增多而有明显的下降，产生这种问题的原因是聚丙烯纤维的分布杂乱，容易结团，堵住了透水混凝土的很多孔径，致使透水系数降低。

2.不同掺量的聚丙烯纤维对混凝土孔隙率的影响分析

　　通过试验对孔隙率的测试，每组试验抽一个试块测定，结果见表 7-8 所列。

表 7-8　不同掺量的聚丙烯纤维对孔隙率的结果分析

序号	水灰比	聚丙烯纤维体积掺量 /%	孔隙率 /%
1	0.24	0	29.15
2	0.24	0.5	24.13
3	0.24	1.0	22.31
4	0.24	1.5	21.26

根据表 7-8 中测出的数据，画出不同掺量的聚丙烯纤维对孔隙率的影响规律，如图 7-6 所示。

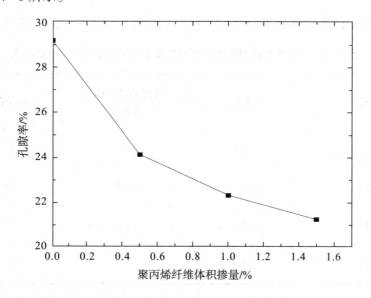

图 7-6　聚丙烯纤维体积掺量对孔隙率的影响

本次对照组试验的有效孔隙率为 29.15%。从试验结果可以明显看出，当聚丙烯纤维的体积掺量增加时，有效孔隙率呈现下降趋势。当聚丙烯纤维体积掺量分别为 0.5%、1% 和 1.5% 时，有效孔隙率分别为 24.13%、22.31% 和 21.26%。与对照组相比，这些数据表明孔隙率分别降低了 5.02%、6.84% 和

7.89%。造成孔隙率下降的主要原因是聚丙烯纤维在重矿渣透水混凝土中的分布较为杂乱，加上试块内部的孔隙分布不规律，聚丙烯纤维在混凝土内部起到了堵塞孔隙的作用。具体来说，聚丙烯纤维的随机分布导致了大量有效排水孔径被堵住，从而减少了重矿渣透水混凝土的排水孔径的量。这一现象说明，随着聚丙烯纤维体积掺量的增加，混凝土内部的孔隙结构变得更加紧密，孔隙率逐渐降低。

7.3.2　不同掺量的聚丙烯纤维对透水混凝土力学性能的影响分析

1. 不同掺量的聚丙烯纤维对混凝土抗压强度的影响

不同掺量的聚丙烯纤维对混凝土抗压强度的影响分析结果见表7-9所列。

表7-9　不同掺量的聚丙烯纤维对混凝土抗压强度的影响分析结果

序号	水灰比	聚丙烯纤维体积掺量 /%	抗压强度 /MPa
1	0.24	0	15.32
2	0.24	0.5	16.70
3	0.24	1.0	22.47
4	0.24	1.5	21.20

根据试验所测的抗压强度值，每组的测试试块有 3 个，得出的 3 个抗压强度数据再求平均值，四组所测的最终抗压强度值分别为 15.32 MPa、16.70 MPa、22.47 MPa 和 21.20 MPa。根据表 7-9 中的数据画出不同掺量的聚丙烯纤维对抗压强度的影响规律，如图 7-7 所示。

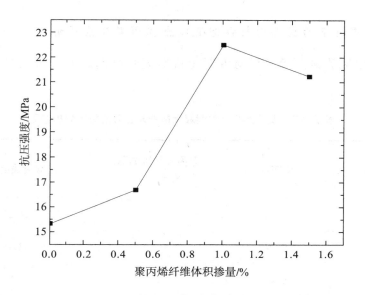

图 7-7　聚丙烯纤维体积掺量对抗压强度的影响

　　从图 7-7 中的变化规律来看，当聚丙烯纤维的体积掺量分别为 0.5%、1% 和 1.5% 时，所测得的抗压强度分别为 16.70 MPa、22.47 MPa 和 21.20 MPa。与未加入聚丙烯纤维的对照组相比，这些掺量下的抗压强度分别增加了 1.38 MPa、7.15 MPa 和 5.88 MPa。由此可以看出，随着聚丙烯纤维掺量的增加，抗压强度呈现出先增大后减小的趋势。当聚丙烯纤维的掺量达到 1% 时，抗压强度达到了最大值，为 22.47 MPa。这一现象表明，聚丙烯纤维在一定掺量范围内能够显著提高重矿渣透水混凝土的抗压强度，但并不是掺量越多效果越好。当聚丙烯纤维掺量较低时，聚丙烯纤维能够有效地增强混凝土的内部结构，提高其密实度和抗压能力。然而，随着聚丙烯纤维掺量继续增加，过多的聚丙烯纤维可能会导致混凝土内部结构的紊乱，形成过多的内部微孔隙，反而不利于抗压强度的提升。从本次试验结果来看，聚丙烯纤维的最佳掺量为 1%。在这一掺量下，聚丙烯纤维能够充分发挥其增强效果，使重矿渣透水混凝土的抗压强度达到最优。这也说明在实际应用中，聚丙烯纤维的掺量需要精确控制，以使混凝土达到最佳性能。在聚丙烯纤维掺量为 1% 时，混凝土的抗压强度不仅能显著提高，而且能够维持良好的透水性能和平衡的孔隙结构。

2. 不同掺量的聚丙烯纤维对混凝土抗劈裂强度的影响

不同掺量的聚丙烯纤维对混凝土抗劈裂强度的影响分析结果见表 7-10 所列。

表 7-10 聚丙烯纤维对混凝土抗劈裂强度的影响分析结果

序号	水灰比	聚丙烯纤维体积掺量 /%	抗劈裂强度 /MPa
1	0.24	0	4.21
2	0.24	0.5	3.35
3	0.24	1	3.51
4	0.24	1.5	3.38

根据试验所测得的抗劈裂强度数据，每组测试的试块数量为 3 个，通过对这 3 个试块的抗劈裂强度进行测量并计算其平均值，得出了四组最终的抗劈裂强度值，分别为 4.21 MPa、3.35 MPa、3.51 MPa 和 3.38 MPa。由这些数据可以看出，不同掺量的聚丙烯纤维对重矿渣透水混凝土的抗劈裂强度具有明显的影响。为了更直观地展示这一影响规律，依据表 7-10 中的数据绘制出了不同掺量的聚丙烯纤维对抗劈裂强度的影响曲线，如图 7-8 所示。从图 7-8 中可以观察到，聚丙烯纤维的体积掺量对抗劈裂强度的影响呈现出一定的规律性。当聚丙烯纤维掺量较低时，抗劈裂强度较高，这可能是由于纤维在混凝土内部形成了有效的支撑结构，增强了混凝土的抗裂性能。

随着聚丙烯纤维掺量的增加，抗劈裂强度出现了一定的下降。当掺量达到 1% 和 1.5% 时，抗劈裂强度分别为 3.51 MPa 和 3.38 MPa。这一现象可能是由于过多的纤维在混凝土内部分布不均，导致局部区域的纤维堆积，反而削弱了混凝土的整体黏结力和抗裂能力。通过上述数据分析，可以得出以下结论：适量的聚丙烯纤维能够显著提高重矿渣透水混凝土的抗劈裂强度，但过量的纤维掺入会导致强度下降。因此，在实际应用中，应合理控制聚丙烯纤维的掺量，以确保混凝土的最佳力学性能。

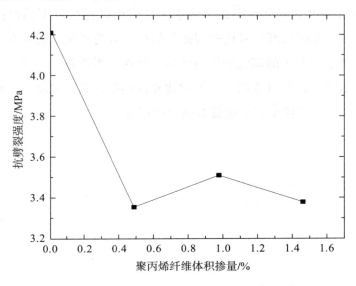

图 7-8　聚丙烯纤维体积掺量对抗劈裂强度的影响

从图 7-8 中的变化规律可以看出，当聚丙烯纤维的体积掺量分别为 0.5%、1% 和 1.5% 时，对应的抗劈裂强度分别为 3.35 MPa、3.51 MPa 和 3.38 MPa。与对照组未加入聚丙烯纤维的试块相比，这些掺量下的抗劈裂强度表现出不同程度的变化。具体来看，随着聚丙烯纤维掺量的增加，抗劈裂强度并没有显著提升，反而在某些情况下有所降低。最大降幅达到 0.86 MPa，这表明聚丙烯纤维对抗劈裂强度的影响较大。这一现象可以归因于聚丙烯纤维的物理特性。聚丙烯纤维虽然能够在一定程度上增强混凝土的韧性，但其柔软性和抗劈裂能力较差，这使其在提高混凝土整体强度方面存在局限性。具体而言，聚丙烯纤维的柔软性导致其在混凝土内部分布不均匀，容易在受力过程中产生裂纹，从而影响整体的抗劈裂强度。

在低掺量（1%）时，聚丙烯纤维的增强效果较为显著，抗劈裂强度为 3.51 MPa，显示出了一定的改性作用。然而，随着掺量的进一步增加，抗劈裂强度并未呈现持续上升的趋势，反而在 1% 的掺量下达到峰值后，掺量增加到 1.5% 时，强度有所下降，降至 3.38 MPa。这表明，过多的聚丙烯纤维并不能继续提高抗劈裂强度，反而可能因纤维之间的相互作用和混凝土基体的相互影响，导致强度的降低。因此，从本次试验可以得出以下结论：当掺量为 0.5% ～ 1% 时，聚丙烯纤维对抗劈裂强度的影响较为积极，能够在一定程度上提升重矿渣透水混凝土的韧性和抗裂性能。然而，当掺量进一步增加时，纤维的作用不再显著，甚至可能由于其柔软性和韧性差，导致混凝土在劈裂过程中更容易产生裂纹，反而不利于抗劈裂强度的提升。

第8章 多因素影响下重矿渣集料透水混凝土平面孔隙特征分析

透水混凝土因其优越的生态环保特性在现代建筑中得到了广泛应用。重矿渣作为一种多孔高强的工业副产物，应用于透水混凝土具有重要的意义。本章将通过系统的研究，探讨多种因素对重矿渣集料透水混凝土平面孔隙特征的影响。这些因素包括级配、砂率、水灰比、矿物掺和料及不同纤维的影响。通过对这些因素的分析，揭示这些因素对透水混凝土孔隙结构、力学性能和透水性能的作用机制，为实际工程应用提供科学依据和技术指导。

8.1 概　　述

混凝土材料与大多数常用的建筑材料有着几乎相同的多孔结构，其孔形各异，孔隙结构极为复杂，孔径分布范围更是跨越了微观、细观、宏观三个尺度，明显比其他多孔材料分布更广。这种特殊的孔隙结构体现了混凝土作为一种复杂的非均匀多相体的特性，也是决定混凝土微观结构与宏观性能关系的一个核心方面。因此，研究混凝土的性能不能简单地通过其组分的个别行为叠加来表征，而是需要从其微观结构出发，考虑不同尺度的孔隙结构及其相互作用。混凝土的孔隙结构包括孔隙的大小、形状、分布和连通性。其中，混凝土的孔隙大小从几纳米到几毫米不等，跨越了微观、细观、宏观三个尺度。微观尺度上的孔隙直接影响混凝土材料的基本物理性质，例如，水泥水化产物中的凝胶孔和毛细孔对混凝土材料的强度有直接影响；细观尺度上的孔隙对混凝土材料的力学性能和耐久性有直接影响，因为这类孔隙通常与集料和水泥石界面直接相连；宏观尺度上的孔隙主要指的是混凝土内部存在的裂缝和缺陷，是直接影响混凝土结构承载能力和耐久性的关键因素。孔隙的分布对混凝土的强度、抗渗性、变形能力等宏观性能有直接影响。例如，高孔隙率会增强混凝土的吸水性和渗透性，但会降低混凝土的密度和强度，从而导致其耐久性下降；反之，密实的孔隙结构有助于提高混凝土的强度和耐久性，减少渗水和化学物质的侵蚀。

吴中伟（1999）对此提出了自己的见解，他强调了从宏观到微观、从整体到局部的研究方法的重要性，这种多尺度的研究视角有助于揭示不同层次之间的相互作用与联系，从而能够帮助人们深入理解混凝土材料的性能。例如，微观层面的研究可以揭示水化反应的细节、毛细孔隙的形成机制，以及孔隙对水泥基材料力学性能的影响；细观层面的研究则可关注集料与水泥石界面的结构，以及界面过渡区的孔隙对材料整体性能的贡献；宏观层面的研究则聚焦于混凝土作为结构材料所具有的性能，如承载能力和抗裂性能。

对混凝土微观结构的研究有助于人们发现混凝土性能的劣化规律，因为孔隙的大小、形状和分布是影响混凝土耐久性的关键因素，裂缝的形成、离子的扩散和化学侵蚀等劣化过程都与孔隙结构密切相关。因此，只有通过深入了解这些微观、细观层次的规律，才能准确预测和控制混凝土的宏观性能，突破经验性的束缚，实现混凝土技术的科学化和精确化发展。国际上一些知名学者为了进一步描述孔隙结构基于水泥基复合材料的微观结构，提出了多种假设和模型。

（1）Powers-Brunauer 模型。在这个模型中，初始的水泥与水接触所形成的结合体可以被视作由未反应的水泥颗粒和填充水的空间组成的结构。当水泥开始水化，生成的水化物体积大于未反应的水泥矿物的体积，导致在原始水泥粒子的界限内形成了所谓的"内部水化物"，同时部分水化物占据了原来由水填充的空间。随着水化反应的进行，原先的由水填充的空间逐渐减少，而未被水化物填充的空间被称为毛细孔。这些毛细孔的数量和孔径大小的变化范围广泛，主要取决于水泥的水化程度和水胶比。毛细孔的尺寸通常大于 100 nm。

根据水化物位置的不同，可将其分为内部水化物和外部水化物：内部水化物位于原始水泥矿物界限内，以水化硅酸钙凝胶为主，较为密实；外部水化物存在于原始水泥矿物界限外，包含部分水化硅酸钙凝胶和大部分的氢氧化钙以及钙矾石晶体，相对较为疏松。因此，在水泥水化物构成的空间内也存在着大量孔隙，其尺寸在一个较大的范围内变化，故通常被称为过渡孔，而且内部水化物中的水化硅酸钙凝胶粒子之间以及外部水化物之间的孔隙都比水化硅酸钙凝胶粒子内的孔隙要大。当然，水化硅酸钙凝胶粒子内部也存在孔隙，这些孔隙由于相互连通，因此被称为凝胶孔。凝胶孔中包含凝胶水，是构成水泥基材料微观结构的重要部分。根据 Powers 和 Brunauer 的研究可知，凝胶粒子的直径约为 10 nm，而凝胶孔的孔径一般为 3 ～ 4 nm，而且其在凝胶中的含量相对恒定，约为 28%。

Powers-Brunauer 模型强调了水泥基材料的微观结构，这对于人们理解水泥基材料的强度、抗渗性和变形能力等宏观性能尤为重要，而且只有通过对混凝土的微观层面和宏观层面进行综合研究，才能真正揭示混凝土性能的本质，进而优化其性能。因此，Powers-Brunauer 模型是研究混凝土孔隙结构与其宏观性能关系的一个重要工具，为混凝土科学技术提供了从微观到宏观的研究视角。

（2）Feldman-Sereda 模型。Feldman 和 Sereda 为了深入研究混凝土的微观结构，提出了 Feldman-Sereda 模型。在这个模型中，混凝土被视为由硅酸盐构成的不完全层状晶体结构，为人们理解混凝土微观结构提供了新的视角。而且与 Powers-Brunauer 模型相比，Feldman-Sereda 模型对水在混凝土微观结构中的作用给予了更为复杂和细致的描述。在 Feldman-Sereda 模型中，水分的存在形式分为两种：一种是以氢键的形式紧密结合在凝胶结构表面，另一种则是以物理吸附的方式存在于凝胶结构表面上。这种双重状态的水分存在方式，不仅影响了混凝土的微观结构，还在其宏观性能上发挥作用。当环境的相对湿度发生变化时，这两种状态的水分也会相应发生转变。在相对湿度降低时，水分会渗透进层状结构的裂缝中；而在相对湿度升高时，水分则通过毛细作用被吸收，填充在混凝土中较大的孔隙内。Feldman-Sereda 模型对水分动态的理解，为混凝土在不同环境条件下的行为提供了解释。

在 Feldman-Sereda 模型中，层状水化物之间的水被视为混凝土结构的一部分，认为层状水化物之间的水对材料的刚性和稳定性有较大影响。这一点与 Powers-Brunauer 模型的观点不同。因为 Powers-Brunauer 模型更多地强调凝胶孔的存在和作用，而 Feldman-Sereda 模型则强调层状结构中水的角色和孔隙率的不同定义方式。

Feldman-Sereda 模型对混凝土总孔隙率的测定是通过特定的流体（如甲醇、液氮或室温下的氮气）来实现的，因为这些流体不会引起层间渗透。这种测量方法与 Powers-Brunauer 模型中侧重于水分对凝胶孔影响的方法有所不同。显然，Feldman-Sereda 模型对混凝土中水的作用进行了更为复杂的描述，不仅强调了水化物层间空间的重要性，还对混凝土孔隙结构的研究提出了新的理解，对混凝土材料的性能优化、耐久性评估和应用设计提供了新的视角。通过这个模型，人们可以更好地理解混凝土在不同环境条件下的行为，特别是在面对温度和湿度变化时的适应性和稳定性。

（3）Minchen 模型。1976 年，Wittmann 提出了基于吸附测定的 Minchen 模型，这是一个旨在解释水化波特兰水泥凝胶力学性质的先进模型。此模型的核心在于量化水分与固相之间的相互作用，而这种相互作用直接影响混凝土的行为和性能。混凝土包含的各个固相组分（如水泥颗粒）无论是大小、形状，还是分布都存在差异。这些分布不均匀性会影响混凝土的整体性能，特别是其力学性能。基于此，Minchen 模型采用了统计学的方法来处理混凝土固相组分的不均匀性，通过统计平均值的方法，能够有效地考虑这些不均匀性对混凝土行为和性能的影响。此外，Minchen 模型还特别关注水分和固相之间的相互作用。因为在混凝土中，水分的存在不仅会影响混凝土的硬化过程，还会影响凝胶的力学性质，它可以在水泥颗粒和添加剂之间形成各种类型的化学键和物理吸附，这些相互作用对混凝土的强度、韧性和耐久性都会产生重要的影响。

Minchen 模型正是通过对这些相互作用进行细致的观察和分析，进而提供了一种定量的方法来预测混凝土力学性质的变化。这种预测不仅基于对混凝土微观结构的理解，还包括对环境条件（如湿度和温度）变化对混凝土性能的影响的考虑。在实际应用中，Minchen 模型对混凝土材料的设计和性能优化提供了重要的指导。例如，在设计高性能混凝土时，可以利用这个模型来预测不同水泥类型、添加剂和水分比例对混凝土性能的影响，这有助于开发出具有更高强度、更好耐久性以及能够优化工作性的混凝土。

重矿渣集料透水混凝土作为一种环境友好型建筑材料，在城市建设中因其良好的透水性和生态环境保护功能而备受关注。透水混凝土通过其独特的孔隙结构实现雨水渗透和地表水循环，进而缓解城市内涝，补充地下水资源，同时降低城市热岛效应。重矿渣作为一种工业副产物，其再利用不仅能有效减少环境污染，还能降低建筑材料的生产成本。因此，研究多种因素对重矿渣集料透水混凝土平面孔隙特征的影响，对于优化混凝土配合比设计、提高其工程适用性和耐久性，具有重要意义。

在透水混凝土的制备过程中，孔隙结构的形成是一个复杂的过程，受到多种因素的共同影响，如级配、砂率、矿物掺和料以及纤维掺量等。每一种因素的变化都会对混凝土的孔隙结构、透水性和力学性能产生显著影响。例如，级配和砂率会直接影响集料之间的填充和搭接状态，从而改变孔隙的大小和分布；水灰比则会影响水泥浆体的稠度和集料的包裹程度，进而影响混凝土的密实度和孔隙率；矿物掺和料和纤维掺量则通过化学和物理作用，改变混凝土的微观结构和宏观性能。

首先，级配是影响重矿渣集料透水混凝土孔隙结构的关键因素之一。集料的级配直接决定了混凝土中大孔隙和小孔隙的比例，以及这些孔隙的连通性和分布情况。合理的级配可以使大孔隙和小孔隙相互填充，形成均匀的孔隙结构，既能保证混凝土的透水性，又能提高其力学性能。如果级配不合理，则会导致混凝土中出现过多的独立孔隙或连通孔隙不足，从而影响其透水性能和结构强度。

其次，砂率对透水混凝土的孔隙结构也有显著影响。砂率高时，细集料填充在粗集料之间，能够提高混凝土的密实度，降低孔隙率，从而提高其力学性能和耐久性。然而，过高的砂率会使混凝土的透水性能下降，因为细集料的过多填充会阻碍水的流动路径，降低孔隙的连通性，所以，在设计砂率时，需要权衡透水性和强度之间的关系，选择合适的砂率范围。

再次，矿物掺和料，如硅灰和粉煤灰的加入，可以通过其细颗粒和火山灰效应，提高混凝土的密实度和力学性能。硅灰具有极高的细度和活性，能够填充混凝土中的微小孔隙，增强水泥浆体的黏结力，从而提高混凝土的抗压强度和耐久性。粉煤灰作为一种常见的矿物掺和料，具有良好的填充效果和火山灰活性，可以改善混凝土的工作性和耐久性。研究表明，适量的硅灰和粉煤灰复掺，可以综合两者的优点，进一步提高混凝土的综合性能。然而，过多的矿物掺和料会影响混凝土的透水性能，因为细颗粒的过多填充会阻碍孔隙的连通性。因此，在设计矿物掺和料的配比时，需要根据具体的工程要求，合理选择硅灰和粉煤灰的掺量，以同时满足强度和透水性的要求。

最后，纤维掺量对重矿渣集料透水混凝土的孔隙结构和力学性能也有显著影响。聚丙烯纤维和玄武岩纤维作为常用的增强材料，可以通过其细小的纤维束，增强混凝土的抗裂性能和耐久性。纤维的加入可以改变混凝土的孔隙结构，使混凝土更加均匀和密实，从而提高其力学性能。然而，过多的纤维会导致混凝土中的纤维团聚，形成局部的弱点，影响其整体结构和性能。因此，在设计纤维掺量时，需要根据具体的工程要求和材料性能，选择合适的纤维掺量，以达到最佳的增强效果。

综上所述，多种因素对重矿渣集料透水混凝土的孔隙结构和综合性能有显著影响。通过系统研究这些因素的影响规律，可以为优化混凝土配合比设计提供科学依据，提高其工程适用性和耐久性。下面将详细探讨级配、砂率、矿物掺和料和纤维掺量对重矿渣集料透水混凝土平面孔隙特征的影响，旨在为实际工程应用提供理论支持和技术指导。

8.2　级配对重矿渣集料透水混凝土平面孔隙特征的影响

级配是指集料中不同粒径的颗粒按一定比例混合，形成合理的颗粒级配，从而达到最优化的孔隙结构和力学性能。对于重矿渣集料透水混凝土来说，合理的级配不仅可以改善其力学性能和耐久性，还能优化透水性能。研究级配对重矿渣集料透水混凝土平面孔隙特征的影响，旨在探讨不同级配方案下混凝土孔隙结构的变化规律，为实际工程应用提供科学依据。

在透水混凝土中，集料的级配直接影响其内部孔隙的形成和分布。合理的级配可以使集料之间相互嵌锁，形成稳定的骨架结构，从而提高混凝土的密实度和力学性能。集料级配的优化还可以确保孔隙的连通性和分布均匀性，保证混凝土的良好透水性能。研究发现，不同粒径的集料按一定比例混合，可以形成最佳级配，既保证了混凝土的强度，又提高了其透水性。

目前，对于透水混凝土平面孔隙的分析结果，研究人员主要采用单一的孔隙率来表示。对于孔隙的面积、周长等特征的研究较少，本书对透水混凝土的孔隙分析主要采用的是图像法。首先，将养护至适宜条件的试块用切割机进行切割，方向取试块的收面部分为上部，垂直放入夹具，切割面取中间 50 mm，切割过程采用一刀切割，将切割好的试块进行自然晾干；其次，用砂纸进行表面打磨，去除掉因刀具切割而形成的纹路，为了得到干净的切割面，待试件晾干后，应对其进行对比度加强处理，用细小的白色粉末填充表面孔隙，再用纸巾刮去多余的粉末；最后，使用数码相机对试块切割面上下部分进行拍摄，如

图 8-1 所示。

（a）自动切石机　　　　　　　　　　（b）试块切割

（c）试块切割面　　　　　　　　　　（d）对比处理切割面

图 8-1　平面孔隙分析

为了保证透水混凝土孔隙特征的准确性，研究人员采用图片处理软件对图片进行处理。取试件的 85 mm × 85 mm 图像区域为最终分析截面，将处理好的图片用 Image-Pro Plus 软件进行分析，首先用 Set Scale 进行图片尺寸标定；其次用 Trainable Weka Segmentation 对图片的孔隙与集料进行处理，处理好的图片用 Image 选择 Type 对图片进行灰度化处理；最后用 Analyze particles 对处理好的图片进行平面孔隙的面积、平面孔隙率、孔径个数等的导出。处理好的图片如图 8-2 所示。

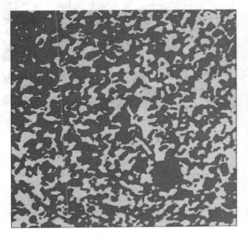

（a）2.36～4.75 mm² 孔隙面积人工智能处理图　　（b）2.36～4.75 mm² 孔径分布

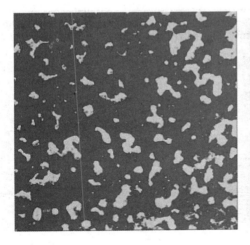
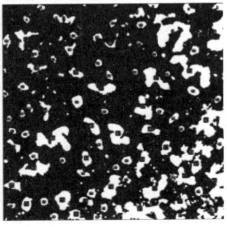

（c）4.75～9.5 mm² 孔隙面积人工智能处理图　　（d）4.75～9.5 mm² 孔径分布

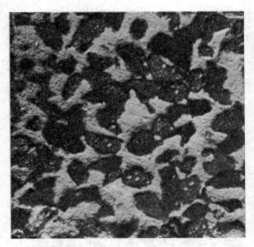

（e）9.5～13.2 mm² 孔隙面积人工智能处理图　　　（f）9.5～13.2 mm² 孔径分布

图 8-2　试块处理图

通过试验，并用 Image-Pro Plus 软件对试块图片进行处理，得到相关信息，具体见表 8-1 所列。

表 8-1　透水混凝土平面孔隙特征信息

序号	孔隙个数	孔隙总面积 /mm²	平均孔隙大小 /mm²	孔隙占比 /%
W20-A	673	2 756.34	4.37	38.15
W20-B	315	1 698.23	5.36	23.46
W20-C	51	2 235.44	43.83	30.94
W22-A	289	3 506.29	12.13	48.53
W22-B	371	2 054.79	5.54	28.44
W22-C	45	2 599.29	57.76	35.98

序号	孔隙个数	孔隙总面积 /mm²	平均孔隙大小 /mm²	孔隙占比 /%
W24−A	362	2 798.97	7.73	38.74
W24−B	297	1 577.94	5.31	21.84
W24−C	38	2 102.45	55.33	29.13

以 W20−B 组为例，绘制孔隙的等效面积分布直观图，如图 8−3 所示。

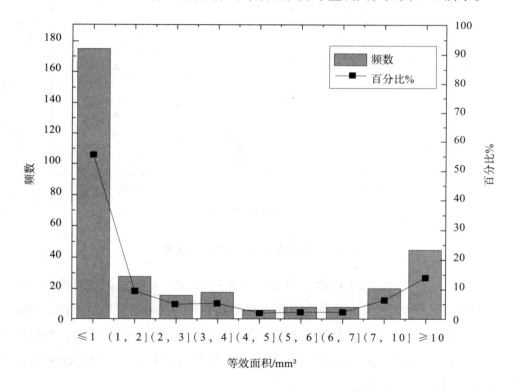

图 8−3　W20−B 组孔隙的等效面积分布直观图

W20−B 组共观测了 315 个孔。由图 8−3 可以看出，W20−B 组的等效面积主要集中在 ≤ 1 mm² 范围内，高达 173 个，占比为 55%；等效面积 ≥ 10 mm²

时，孔隙数量为 44，占比为 14%，由于集料与集料之间的浆体包裹不完整性，试件之间出现少数的大孔隙，产生等效面积大。

（1）集料粒径与平面孔隙的关系如图 8-4 所示。

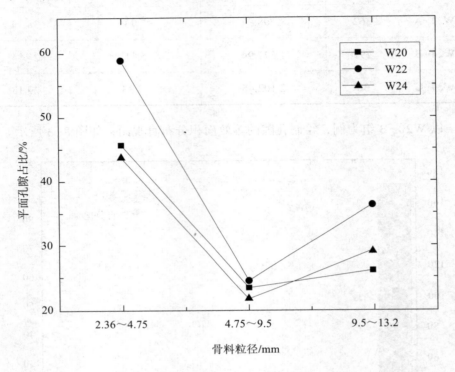

图 8-4　集料粒径与平面孔隙的关系

由图 8-4 可得，当集料粒径为 4.75 ～ 9.5 mm 时，孔隙面积相对较小，由于集料范围之间的扩大，集料之间既可充当粗集料，也可以充当细集料，能够更好地包裹试块，使集料与集料之间、集料与浆体之间接触更加完整；当集料粒径为 2.36 ～ 4.75 mm 时，由于集料太小，集料之间缝隙小，处理起来较为麻烦，整体孔隙率偏高。

（2）水灰比与平面孔隙的关系如图 8-5 所示。

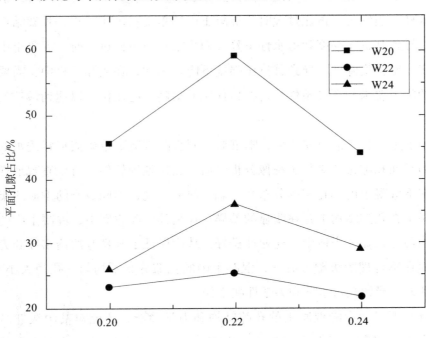

图 8-5　水灰比与平面孔隙的关系

由图 8-5 可得，透水混凝土试块的平面孔隙率随着水灰比的增大先增大后减小。这是因为随着水灰比的增大，水泥的水化反应不完整，浆体没有完全包裹住集料，使其孔隙变大；后又由于水灰比的增大，集料与浆体之间的接触面更加充足，填充了孔隙，试块的平面孔隙率就又减小了。

研究发现，不同级配的重矿渣集料透水混凝土在力学性能和透水性方面表现出明显的差异。当集料的粒径按一定比例混合时，可以形成最佳级配，既能保证混凝土的强度，又能提高其透水性。当集料粒径为 4.75 ～ 9.5 mm 时，混凝土的抗压强度和透水性均达到最佳。这是因为在这种级配下，粗集料和细集料相互嵌锁，形成了稳定的骨架结构，提高了混凝土的密实度和强度。同时，细集料填充在粗集料之间的孔隙中，保证了孔隙的连通性和分布均匀性，从而提高了混凝土的透水性。细集料占比过大或过小都会影响混凝土的力学性能和透水性。当细集料占比过大时，混凝土中的粗集料占比减小，骨架结构不够稳定，导致其抗压强度和透水性下降。而当细集料占比过小时，混凝土中的孔隙增多，密实度降低，导致其抗压强度下降。因此，在实际工程中，需要根据具体的施工要求和环境条件，选择最优化的集料级配比例，以达到最佳的综合性能。

为了进一步验证研究结果，本书对不同级配方案下重矿渣集料透水混凝土试件的平面孔隙特征进行了图像分析。通过图像处理软件，可以直观地观察不同级配下混凝土内部孔隙的分布和形态。研究发现，不同级配的重矿渣集料透水混凝土在孔隙结构上存在明显的差异。在最佳级配方案下，混凝土中的孔隙分布均匀，孔径大小适中，连通性良好，从而保证了其良好的透水性和力学性能。而在不合理的级配方案下，混凝土中的孔隙分布不均匀，孔径大小不一，连通性差，导致其透水性和力学性能不佳。

级配不仅会影响混凝土的孔隙结构和力学性能，还能对其耐久性产生影响。合理的级配可以提高混凝土的密实度，减少内部孔隙，从而提高其抗冻性、抗渗性和耐久性。研究发现，在最佳级配方案下，重矿渣集料透水混凝土在长期使用过程中表现出良好的耐久性，能够有效抵抗外界环境的侵蚀，延长了使用寿命。而在不合理的级配方案下，混凝土中的孔隙过多或分布不均匀，容易使混凝土受到外界环境的影响，导致其耐久性下降。

综合以上研究结果，可以得出以下结论：级配是影响重矿渣集料透水混凝土平面孔隙特征的重要因素。通过合理设计集料的级配比例，可以优化混凝土的孔隙结构，提高其力学性能和透水性，增强其耐久性。在实际工程应用中，应该根据具体的施工要求和环境条件，选择最优化的集料级配比例，以达到最佳的综合性能。不同施工工艺和施工条件下，混凝土的级配要求可能会有所不同。因此，在实际应用中，需要结合具体的施工工艺和条件，对级配进行调整和优化，以保证混凝土的性能满足工程要求。通过不断地试验和研究，积累经验和数据，可以为重矿渣集料透水混凝土的设计和应用提供更加科学和可靠的指导。

　　总之，研究级配对重矿渣集料透水混凝土平面孔隙特征的影响，对于提高混凝土的工程适用性和耐久性具有重要意义。通过合理设计集料级配比例，可以优化混凝土的孔隙结构，提高其力学性能和透水性，增强其耐久性，为城市建设和生态环境保护提供更加优质的材料选择。同时，进一步研究和探索级配优化的理论和方法，可以为重矿渣集料透水混凝土的设计和应用提供更加科学和全面的指导，推动其在实际工程中的广泛应用。

8.3　砂率对重矿渣集料透水混凝土平面孔隙特征的影响

　　砂率是指在混凝土中，细集料（砂子）的质量占集料总质量的百分比。砂率的变化对透水混凝土的力学性能有着显著的影响，尤其是对其平面孔隙特征的影响。合理的砂率不仅可以优化混凝土的孔隙结构，还能提高其力学性能和耐久性。而砂率过高或过低都会导致混凝土性能的劣化。因此，研究砂率对重矿渣集料透水混凝土平面孔隙特征的影响，对于优化混凝土配合比设计、提升其综合性能具有重要意义。

　　透水混凝土是一种具有高孔隙率的多孔材料，其主要特征是具有良好的透水性能和一定的力学强度。透水混凝土内部的孔隙结构由集料之间的相互堆积形成，细集料在其中起到填充作用，影响着混凝土的孔隙率和孔径分布。砂率的变化直接影响细集料在混凝土中的含量，从而影响混凝土的孔隙结构和性能表现。

　　在透水混凝土的配制过程中，砂率的选择是一个关键因素。在低砂率条件下，混凝土中的粗集料占据主要体积，形成骨架结构，这种结构有助于提高混凝土的强度和透水性。然而，过小的砂率会导致混凝土内部孔隙过大，影响其密实度和耐久性。在高砂率条件下，细集料的比例增加，可以填充粗集料之间的孔隙，提高混凝土的密实度和强度，但过高的砂率会导致混凝土的孔隙率减小，透水性下降。

研究平面孔隙率以及连通孔隙率，首先可以根据图像法对图片进行分析，结果如图 8-6 所示。

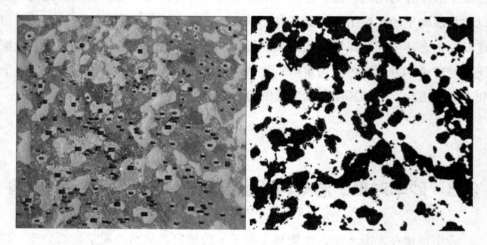

（a）试块 1（10% 砂率，0.24 水灰比）孔隙数量图和二值化图

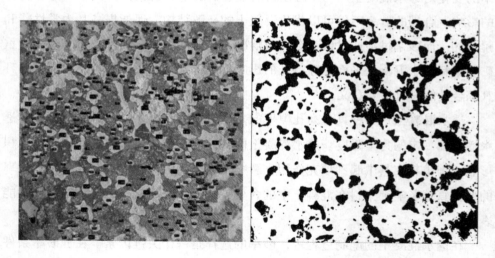

（b）试块 2（10% 砂率，0.24 水灰比）孔隙数量图和二值化图

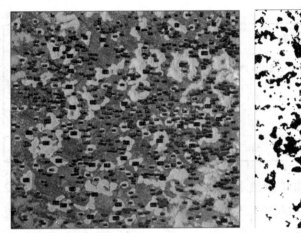

（c）试块 3（10% 砂率，0.24 水灰比）孔隙数量图和二值化图

图 8-6　Image-Pro Plus 获取的平面孔隙信息

其次，可以通过试验测得不同水灰比和砂率组合下混凝土的平面孔隙率和连通孔隙率。通过对这些数据的分析，可以了解砂率和水灰比对重矿渣透水混凝土孔隙结构的具体影响，为优化混凝土配合比设计提供科学依据。试验结果表明，随着水灰比和砂率的变化，平面孔隙率和连通孔隙率呈现出不同的变化趋势，具体数据见表 8-2 所列。

表 8-2　重矿渣透水混凝土孔隙率分析

试件编号	试件数据		平面孔隙率 /%	连通孔隙率 /%
	水灰比	砂率 /%		
1	0.20	10	23.10	20.18
2	0.20	30	20.90	18.12
3	0.20	50	22.60	19.82
4	0.22	10	22.10	19.35
5	0.22	30	27.20	16.40
6	0.22	50	20.70	18.45

续表

试件编号	试件数据		平面孔隙率 /%	连通孔隙率 /%
	水灰比	砂率 /%		
7	0.24	10	23.40	19.26
8	0.24	30	26.80	16.85
9	0.24	50	21.80	20.54

　　本书通过试验数据分析了重矿渣透水混凝土的孔隙率，试验结果见表 8-2 所列。这一系列数据表明，不同的水灰比和砂率对混凝土的平面孔隙率和连通孔隙率有显著影响。为了更直观地展示这些关系，我们绘制了连通孔隙率与平面孔隙率的相关关系图（图 8-7），用来分析连通孔隙率与平面孔隙率之间的相关关系。

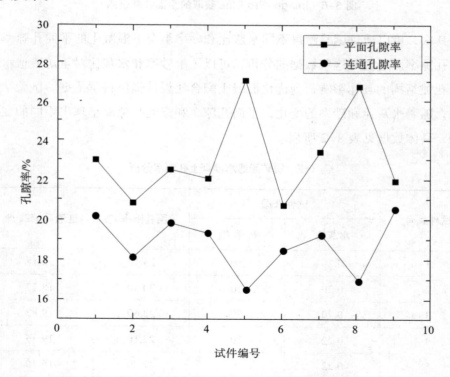

图 8-7　连通孔隙率与平面孔隙率的相关关系

通过图 8-7，我们可以清晰地看到在不同水灰比和砂率的条件下连通孔隙率与平面孔隙率之间的关系，这为进一步优化混凝土配合比设计提供了有力的数据支持和科学依据。这种图像分析方法不仅能够帮助人们理解孔隙率变化的规律，还可以指导实际工程应用中混凝土材料的选择和配比。

图 8-8 展示了不同砂率下孔隙面积与累计频率的关系。

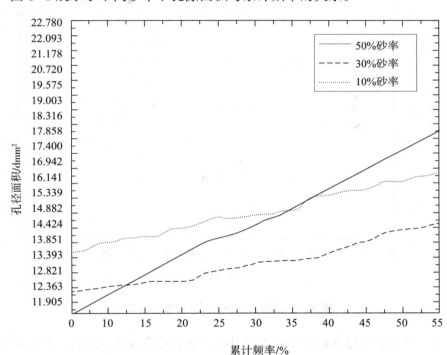

图 8-8　不同砂率下孔隙面积与累计频率的关系

由图 8-9 可以看出，水灰比为 0.22 和 0.24 的混凝土在砂率从 10% 增加到 30% 的过程中，孔隙率呈上升趋势，并达到一个最大值；在砂率增加到 50% 的过程中，孔隙率随着砂率的增加而逐渐减小。原因是在 50% 时孔隙率最低，细集料充满整个混凝土。而水灰比为 0.20 的混凝土，其孔隙率随着砂率的增加保持在 0.21 左右。最佳状态则在砂率为 10% 的时候。通过表 8-2 可以得知影响重矿渣透水混凝土的透水系数的因素为砂率＞水灰比。不同水灰比、砂率对重

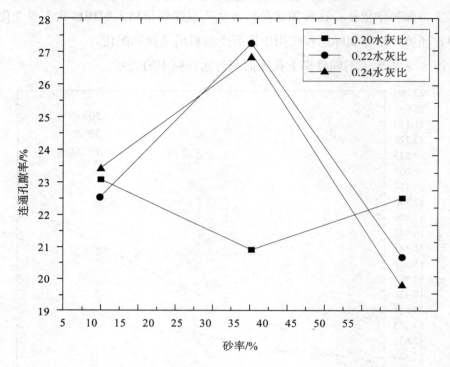

矿渣透水混凝土的孔隙率影响分析图如图 8-9 所示，所以根据实际的使用环境条件，选择合适的水灰比对制备重矿渣透水混凝土至关重要。

图 8-9 水灰比、砂率对孔隙率的影响

为了研究砂率对重矿渣集料透水混凝土平面孔隙特征的影响，需要进行一系列系统的试验研究。在试验过程中，首先，可以选取不同砂率的重矿渣集料透水混凝土配合比，制备不同砂率的透水混凝土试块。其次，通过对试块进行抗压强度、抗劈裂强度、透水性和孔隙率等性能测试，分析不同砂率条件下混凝土的力学性能和透水性能。最后，利用图像处理软件，对混凝土试块的平面孔隙特征进行分析，探讨不同砂率对孔隙结构的影响。

不同砂率的重矿渣集料透水混凝土在力学性能和透水性方面表现出明显的差异。当砂率较低时，混凝土中的粗集料占据主要体积，形成较大的孔隙，透水性能较好，但抗压强度较低。这是因为在低砂率条件下，粗集料之间的结合较为松散，混凝土的密实度不高，导致其力学性能较差。然而，这种结构有利于水的渗透，使混凝土具有良好的透水性。

随着砂率的增加，细集料逐渐填充粗集料之间的孔隙，提高了混凝土的密实度和抗压强度。研究发现，当砂率达到一定值时，混凝土的抗压强度和透水性能均达到最佳。这是因为在砂率达到一定值的条件下，细集料有效地填充了粗集料之间的孔隙，形成了密实的骨架结构，提高了混凝土的密实度和抗压强度。同时，细集料的存在确保了混凝土的孔隙连通性，使混凝土保持良好的透水性。

但是，砂率过高会对混凝土性能产生不利影响。过高的砂率会导致细集料比例过大，粗集料比例减小，骨架结构不够稳定，影响混凝土的力学性能。研究发现，当砂率超过某一阈值时，混凝土的抗压强度和透水性能均有所下降。这是因为在高砂率条件下，细集料过多，填充了过多的孔隙，导致孔隙连通性下降，影响了混凝土的透水性。同时，细集料的增加会影响混凝土的骨架结构，导致其抗压强度下降。因此，在实际应用中，需要根据具体的施工要求和环境条件，选择最优的砂率，以达到最佳的综合性能。

为了进一步验证研究结果，本书通过对不同砂率方案下重矿渣集料透水混凝土试块的平面孔隙特征进行了图像分析。通过图像处理软件，可以直观地观察不同砂率条件下混凝土内部孔隙的分布和形态。研究发现，不同砂率的重矿渣集料透水混凝土在孔隙结构上存在明显的差异。在适中砂率条件下，混凝土中的孔隙分布均匀，孔径大小适中，连通性良好，从而保证了其良好的透水性和力学性能。而在过高或过低砂率条件下，混凝土中的孔隙分布不均，孔径大小不一，连通性差，导致其透水性和力学性能不佳。

8.4 矿物掺和料对重矿渣集料透水混凝土平面孔隙特征的影响

矿物掺和料对重矿渣集料透水混凝土平面孔隙特征的影响在材料科学和工程应用中具有重要意义。重矿渣作为一种高密度矿渣，具有与天然开采的碎石相似的自然特性，重矿渣的容量约为 1 900 kg/m³，抗压强度大于 49 MPa，具有良好的稳定性、耐摩擦性和韧性，符合大部分的工程建设要求，因此可以使用重矿渣代替普通天然或二次加工的集料在各种建设项目中应用。重矿渣透水混凝土是一种由天然集料、高级水泥、强化剂、水等混合而成的多孔轻质混凝土，黏合材料为高级水泥，通过将特定颗粒级集料黏合在一起，形成多孔结构。这种混凝土不仅具有良好的透水性能，还具备一定的力学强度和耐久性。在透水混凝土的配制过程中，矿物掺和料的选择和掺量直接影响其孔隙特征和综合性能。

硅灰是一种常用的高活性矿物掺和料，主要成分为 SiO_2，具有良好的绝缘性、纯度高、杂质含量低、性能稳定、电绝缘性能优异等特点。硅灰的颗粒极其细小，能够有效填充混凝土中的微细孔隙，从而提高混凝土的密实度和强度。硅灰的火山灰效应和微集料效应能够增强水泥基体的黏结力，使混凝土的整体性能得到提升。然而，硅灰掺量过高也会带来一定的问题，即随着硅灰掺量的增加，虽然抗压强度不断提高，但过多的硅灰会填充混凝土中的孔隙，影响其透水性能。研究表明，当硅灰掺量达到一定比例时，透水混凝土的透水性反而会下降。这是因为硅灰颗粒过度填充了混凝土中的孔隙，阻碍了水分的通过。因此，在实际应用中，需要平衡硅灰的掺量，以同时满足强度和透水性的要求。

粉煤灰是另一种常见的矿物掺和料，作为从燃煤电厂烟气中收集的细小灰尘，粉煤灰是一种重要的固体废物。我国的火力发电厂的粉煤灰主要含

有 SiO_2、Al_2O_3、FeO、Fe_2O_3、CaO、TiO_2 等氧化物。粉煤灰的粒径大小为 $0.5 \sim 300 \ \mu m$，表面具有许多微小孔洞，孔隙率高达 $50\% \sim 80\%$。因此，粉煤灰具有良好的吸水性。粉煤灰在混凝土中能够起到填充作用，提高混凝土的密实度和抗裂性能。

8.4.1　透水混凝土孔隙率分析

重矿渣透水混凝土孔隙率分析见表 8–3 所列。

表 8–3　重矿渣透水混凝土孔隙率分析

试验掺量	孔隙总数	孔隙面积/mm²	平均大小	孔隙率/%
硅灰掺量 3%	350	32 143	1 825.750	16.541
硅灰掺量 6%	369	466 433	1 264.046	17.213
硅灰掺量 9%	437	1 143 667	2 617.087	18.155
粉煤灰掺量 10%	425	543 639	1 279.151	13.497
粉煤灰掺量 15%	418	618 270	1 479.115	12.821
粉煤灰掺量 20%	325	686 093	2 111.055	11.375
硅灰粉煤灰复掺掺量比（2：1）	447	779 282	1 743.36	14.067
硅灰粉煤灰复掺掺量比（1：1）	638	1 139 150	1 785.502	17.995
硅灰粉煤灰复掺掺量比（1：2）	413	1 444 305	3 497.107	24.025

通过表 8–3 可以得知，影响重矿渣透水混凝土的透水系数因素的主次顺序

为硅灰、粉煤灰复掺＞硅灰掺量＞粉煤灰掺量。

8.4.2 硅灰掺量对孔隙率的影响

不同水平硅灰掺量对重矿渣透水混凝土的孔隙率影响分析如图 8-10 所示。

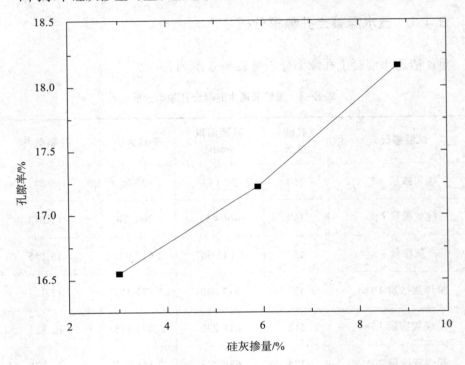

图 8-10　硅灰掺量对孔隙率的影响

由图 8-10 可以看出，重矿渣透水混凝土的孔隙率随硅灰的增加而增加。产生这种现象的原因是硅灰掺量的增加，以及孔隙的增多，从而降低了试块的结构强度。所以，根据实际的使用环境条件，选择合适的硅灰掺量对制备重矿渣透水混凝土至关重要。

8.4.3 粉煤灰掺量对孔隙率的影响

不同水平粉煤灰掺量对重矿渣透水混凝土的透水系数影响分析如图 8-11 所示。

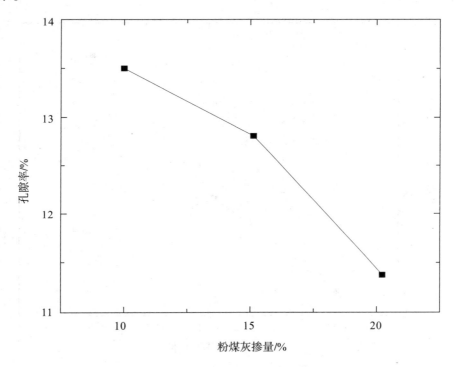

图 8-11 粉煤灰掺量对孔隙率的影响

由图 8-11 可以看出，透水混凝土的孔隙率随着粉煤灰掺量的增加而逐渐减小。产生这种现象的原因是，粉煤灰掺量的增加，使透水混凝土的孔隙大量封堵，使孔隙率降低。所以，根据实际的使用环境条件，选择合适的粉煤灰掺量对制备重矿渣透水混凝土至关重要。

8.4.4　硅灰、粉煤灰复掺比对孔隙率的影响

不同水平硅灰与粉煤灰复掺掺量对重矿渣透水混凝土的透水系数影响分析如图 8-12 所示。

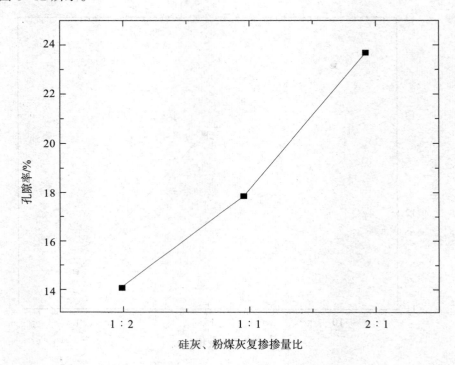

图 8-12　硅灰、粉煤灰复掺掺量比对孔隙率的影响

由图 8-12 可以看出，随着硅灰、粉煤灰复掺掺量比的增加，孔隙率也在逐渐增加，综合图 8-10、图 8-11 可以看出，随着硅灰掺量的增加，孔隙率逐渐增加，随着粉煤灰掺量的增加，孔隙率减小，若采用硅灰、粉煤灰复掺类型透水混凝土，选择合适的比例十分重要。

由于重矿渣透水混凝土具有特殊的结构性，因此在设计配合比时，必须既满足其特有的透水性能，又要保证其力学性能。为了实现这一目标，本次试验采用单因素试验方案进行设计，即在保持水灰比固定为 0.24 的情况下，选取

了三种不同大小的硅灰掺量（3%、6% 和 9%）和三种不同的粉煤灰掺量（10%、15% 和 20%）进行试验。同时，在水泥用量固定的前提下，研究了硅灰和粉煤灰复掺的不同比例（2：1、1：2 和 1：1）对混凝土性能的影响。试验的影响因素和水平设置见表 8-3 所列，试验方案表也列出了具体的试验配比计算结果。在试验过程中，首先根据设计的配合比，将重矿渣集料、水泥、硅灰、粉煤灰、外加剂和水依次投放进搅拌机中，按照既定程序进行搅拌。通过这种方式，可以确保各种掺和料能够充分混合，从而得到均匀的混合物。其次，将搅拌均匀的混合料装入模具中，进行成型和养护。成型后的试块在标准条件下进行 28 天的养护，以确保试块能够达到稳定的物理性能。在试验中，通过对不同配合比下的重矿渣透水混凝土进行力学性能和透水性能的测试，可以评估各种掺和料组合对混凝土性能的影响。具体测试内容包括抗压强度、抗劈裂强度、孔隙率和透水系数等。试验结果表明，随着硅灰掺量的增加，混凝土的抗压强度和密实度显著提高，但透水性能有所下降。这是因为硅灰颗粒能够填充混凝土中的微细孔隙，提高其密实度，但同时阻碍了水分的通过。同样，粉煤灰掺量的增加也对混凝土性能产生了类似的影响。粉煤灰的填充效应提高了混凝土的密实度和抗劈裂性能，但在掺量过高时，混凝土的早期强度会受到不利影响。硅灰和粉煤灰的复掺方案表现出显著的性能优势。试验表明，当硅灰和粉煤灰的比例为 2：1 时，混凝土的抗压强度和透水性均达到最佳。这是因为硅灰的高活性和粉煤灰的填充效应在此比例下得到了最佳结合。通过这种复掺方案，混凝土不仅具有了较高的力学性能，还保留了良好的透水性能。

8.5　纤维掺量对重矿渣集料透水混凝土平面孔隙特征的影响

重矿渣透水混凝土的孔结构分布杂乱，然而孔结构的分布、孔隙大小、孔结构的形状对重矿渣透水混凝土的整体性能都有着重要的影响。目前有很多方法用来测定孔隙率，但是，这些测试方法只适用于测定透水混凝土的微观孔结构，不能用来测定透水混凝土宏观的孔结构。本节就采用 Image-Pro Plus 计算机图片处理软件来测定，用以分析平面孔结构的基本特征。

8.5.1　平面孔隙外形形状的获取

将养护好的试块从养护箱中取出来，打开切割机电源，准备切割。在切割的时候要持续在切割处注水，以避免切割机刀片发热，以及减少灰尘在空气中的漂浮。当得到切割面后，利用砂纸磨平切割的表面，再用水清洗，就能得到平面孔隙的外部形状特征，再用白色粉末填涂其切割表面，有利于后续对孔隙特征的提取。试块的切割面如图 8-13 所示，经人工处理后的切割面如图 8-14 所示。

图 8-13　试块的切割面

图 8-14　经人工处理后试块的切割面

8.5.2　Image-Pro　Plus 提取孔隙特征参数

Image-Pro Plus 是一个具有代表性的图片分析软件，一般用在科学研究和医学研究等领域。利用 Image-Pro Plus 对切割得到的图片进行分析处理，单击 Measure，再选择 Count/Size 选项，弹出分类测量窗口，在窗口单击 Measure，选择需要测量的选项，如面积（area）、平均光密度（density）、直径（diameter）、孔径个数（apertures）等，执行相关命令，再经过人工自动化处理，自动识别出试块切割面的平面孔隙特征。不同掺量的聚丙烯纤维和玄武岩纤维的混凝土的平面孔隙特征如图 8-15 所示。

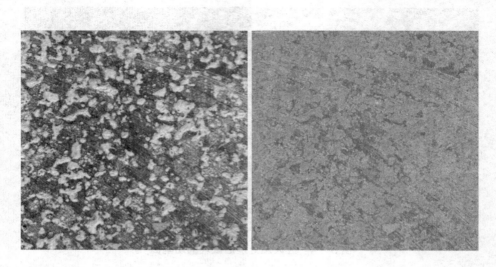

（a）玄武岩纤维掺量为 0.5% 的混凝土的平面孔隙特征

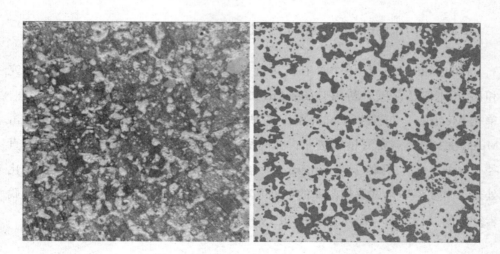

（b）玄武岩纤维掺量为 1% 的混凝土的平面孔隙特征

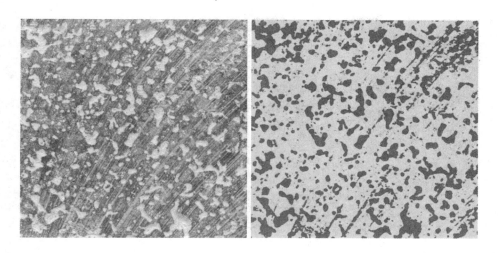

（c）玄武岩纤维掺量为 1.5% 的混凝土的平面孔隙特征

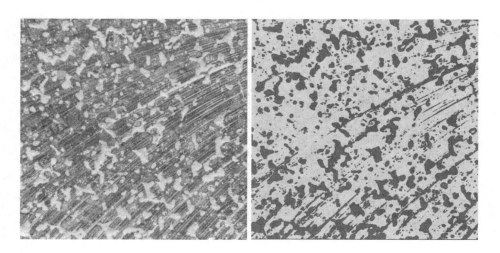

（d）聚丙烯纤维掺量为 0.5% 的混凝土的平面孔隙特征

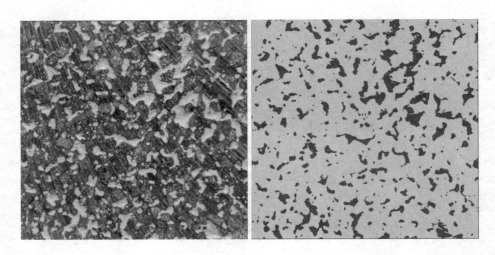

（e）聚丙烯纤维掺量为 1% 的混凝土的平面孔隙特征

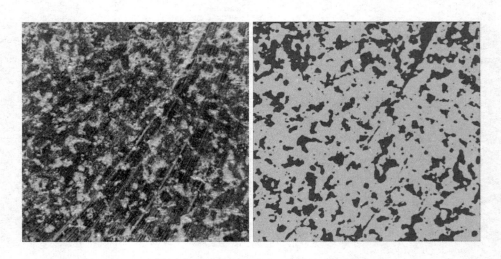

（f）聚丙烯纤维掺量为 1.5% 的混凝土的平面孔隙特征

图 8-15　不同掺量的纤维混凝土的平面孔隙特征

8.5.3 图像二值化的确定和孔隙特征的处理与分析

通过 Image-Pro Plus 软件人工智能化提取得到平面孔隙特征后，单击 Greate resul → Image → Type，则会得到一幅灰黑色的平面孔隙特征图片，然后执行 Process 选项里的 Binary 命令，再单击 Binary 选项下的 Make Binary，单击打开就能得到一幅二值化图像。为减小孔隙识别时产生的微小误差，在数据提取时应将等效直径设置得稍微大一点，如以等效直径为 20 mm 进行研究分析。本节利用 Image-Pro Plus 软件对得到的图片进行分析，通过使用 Image-Pro Plus 其中的图形分析功能，经标记对象、选择测试项目、设置标尺和自动计算等步骤，获得试样截面上孔的数量、面积、周长、孔径等特征信息。不同掺量的聚丙烯纤维和玄武岩纤维的混凝土的二值化图像和平面孔隙特征处理如图 8-16 所示。

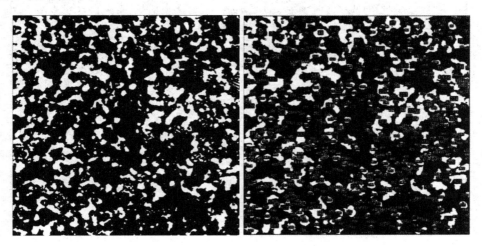

（a）玄武岩纤维掺量为 0.5% 的混凝土的二值化和孔隙特征的处理

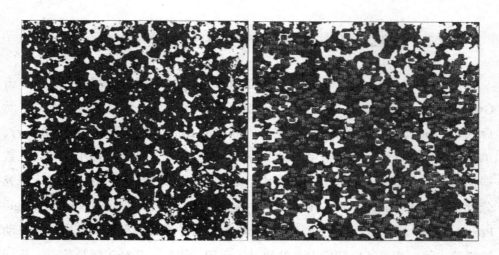

（b）玄武岩纤维掺量为 1% 的混凝土的二值化和孔隙特征的处理

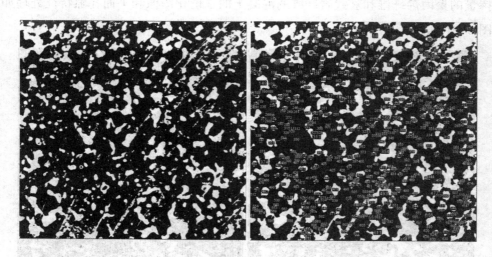

（c）玄武岩纤维掺量为 1.5% 的混凝土的二值化和孔隙特征的处理

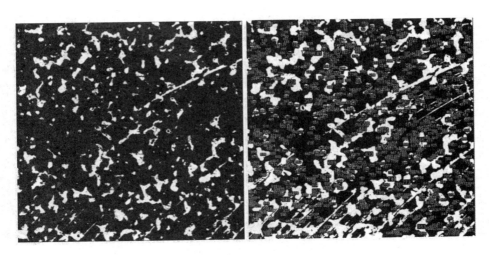

（d）聚丙烯纤维掺量为 0.5% 的混凝土的二值化和孔隙特征的处理

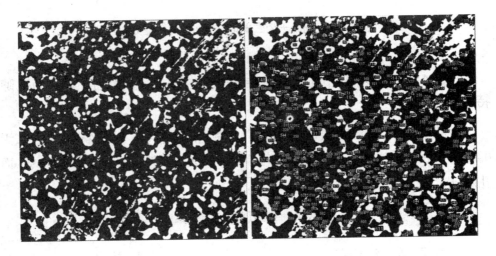

（e）聚丙烯纤维掺量为 1% 的混凝土的二值化和孔隙特征的处理

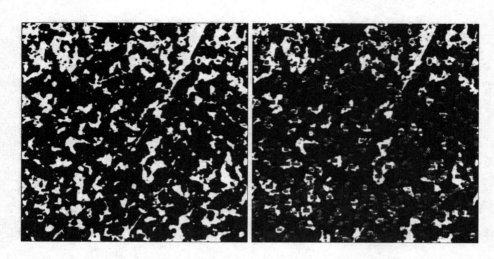

（f）聚丙烯纤维掺量为 1.5% 的混凝土的二值化和孔隙特征的处理

图 8-16　混凝土的二值化图像和孔隙特征处理

8.5.4　掺聚丙烯纤维和玄武岩纤维的重矿渣透水混凝土平面孔隙特征分析

为减少孔隙识别时候的细小误差，数据提取时设置等效直径应大于 0.8 mm。相同区域的不同掺量的聚丙烯纤维和玄武岩纤维的混凝土试块的平面孔隙分布特征信息见表 8-4 所列。

表 8-4　平面孔隙分布特征信息

序号	聚丙烯纤维掺量/%	玄武岩纤维掺量/%	孔数/个	最大孔径/mm	最小孔径/mm	平面孔隙面积/mm²	平面孔隙率/%
1	0	0	735	7.45	0.81	2 843.56	29.45
2	0.5	0	827	5.28	0.84	2 519.49	19.12

续表

序号	聚丙烯纤维掺量 /%	玄武岩纤维掺量 /%	孔数 / 个	最大孔径 /mm	最小孔径 /mm	平面孔隙面积 /mm²	平面孔隙率 /%
3	1.0	0	638	6.15	0.89	2 311.65	16.04
4	1.5	0	445	5.32	0.95	1 987.25	12.38
5	0	0.5	574	7.72	0.80	2 623.42	25.12
6	0	1.0	414	5.83	0.84	2 015.63	18.96
7	0	1.5	483	8.51	0.93	1 893.24	15.36

由表 8-4 可以看出，随着聚丙烯纤维和玄武岩纤维掺量的变化，重矿渣透水混凝土内部孔隙结构主要在平面孔隙面积、平面孔隙率、孔隙个数、孔径等指标上发生变化。随着纤维掺量的增加，试块内部平面孔隙面积逐渐减小，孔的个数也减少了，加上小孔径较多，大孔径较少，说明纤维的掺量会影响内部孔隙特征，纤维在重矿渣透水混凝土中分布杂乱，对透水率影响较大，导致混凝土的透水性能降低。

8.5.5　纤维对等效直径分布的影响

为减少孔隙特征识别时的细小误差，数据提取时设置等效直径应大于 0.8 mm。以聚丙烯掺量为 1% 的混凝土试块组为例，展开对孔径的研究，绘制孔隙的等效直径分布直方图，如图 8-17 所示。

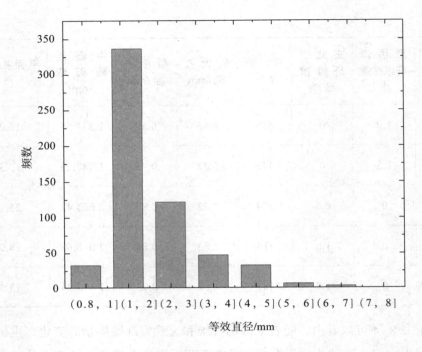

图 8–17 等效直径频率分布直方图

这一试块组在 Image-Pro Plus 检测中显示共识别出 574 个孔。从图 8 –17 中可以明显看出，试块的等效直径在 1 ～ 2 mm 范围内分布最多，高达 334 个，占总数的 58.18%。这说明在 1 ～ 2 mm 区间是透水混凝土的主要孔径分布范围。其次是 2 ～ 3 mm 区间的小孔分布较多，而大于 3 mm 的孔隙占比非常小，占总孔数的 14.98%。这导致试块的等效直径整体向右移动，表现为大孔减少而小孔增多。这种孔隙分布特征对透水混凝土的性能有着显著影响。孔径的变化使重矿渣透水混凝土试块内部的孔隙结构变得更加紧密，这种结构的变化不利于水的排放，导致透水性能的降低。同时，孔隙率的降低使混凝土的抗压强度有所提高。这是因为小孔的增多和孔隙结构的紧密分布可以增强混凝土的密实度，从而提升其抗压能力。

透水混凝土的设计目的是实现良好的透水性和地表水循环功能。尽管孔隙率的降低可以提高抗压强度，但透水性能的下降却违背了透水混凝土的基本功能。因此，在实际应用中，需要在确保混凝土具有一定的抗压强度的同时，尽量保持其透水性。这就要求在设计配合比时，合理控制纤维的掺量和矿物掺和料的比例，以达到最佳的综合性能。通过对这组试块的详细分析可以发现，聚丙烯纤维的掺入对孔隙结构有显著影响。适量的纤维可以填充部分孔隙，提高混凝土的密实度和抗压强度，但过量的纤维会导致孔隙率减小，透水性显著下降。因此，将聚丙烯纤维的掺量控制在一个合理的范围内，对于优化透水混凝土的性能至关重要。

第9章　重矿渣集料透水混凝土经济性分析

　　某工程技术有限公司使用高钛重矿渣透水混凝土对一个分公司办公楼室外地坪进行了铺设，这一实践为研究和评估高钛重矿渣透水混凝土在实际应用中的效果提供了重要案例。下面是对该项目实际应用效果的分析。

　　为了确保高钛重矿渣透水混凝土能够发挥最佳效能，路基土面必须夯实且平整，确保其稳定性和均质性，这一步骤对于路面结构提供均匀支撑至关重要，因为均匀的支撑有助于确保透水混凝土层的均匀性和长期稳定性。高钛重矿渣透水混凝土使用了具有多孔特性的高钛重矿渣砂石，这些砂石吸水性强，所以它属于干硬性混凝土，在长距离运输过程中极易变干。因此，在施工过程中，从拌和站到施工浇注点的距离不宜过长，同时为了避免混凝土变干，运输时间应控制在 10 分钟以内，这就对施工技术和物流管理提出了新的要求，即施工团队需要精确控制材料的运输和使用时间，以及确保材料的均匀混合和适当的施工方法。

　　在商砼站进行矿渣透水混凝土的搅拌时，也遇到了一些实际操作难题，由于这种混凝土的坍落度小，甚至没有坍落度，导致进料和卸料过程变得困难，需要依赖人工来疏通，这不仅增加了施工的复杂性，也产生了较高的人工成本。为了解决这一问题，可能需要对搅拌和运输设备进行特别的改进，或者研发新的搅拌和运输技术，以减少对人工的依赖并提高效率。在进行矿渣透水混凝土面层施工前，底层必须进行彻底的清洁处理，以确保表面粗糙、清洁且无积水，并保持一定的润湿度，这些措施有助于提高混凝土层之间的黏结力，确保整体结构的稳定性和耐久性。由于高钛重矿渣透水混凝土属于干硬性混凝土，因此其摊铺工作必须迅速且正确进行。对于大面积的施工项目，建议采用分块隔仓的方式进行摊铺。在摊铺时，需要迅速而准确地完成工作，在断面进行粗糙处理并用少量水润湿，以便于后续混凝土的黏结更加紧密，这要求施工团队具备高效的协调和操作技能，并且在施工前进行详细的规划和准备。

高钛重矿渣透水混凝土的施工和养护同样包含一系列关键步骤和细节，这些步骤对确保其最终性能至关重要。例如，混凝土的捣实和平整需要采用低频平板振动器或人工方法进行，正确的振动可以使混凝土均匀密实，但振动器的频率不宜过高且时间不宜过长，以免对混凝土结构造成破坏。又如，混凝土初步凝结后应采用滚筒进行滚压，并用抹子抹平表面，注意抹平时不应出现明水，以保持混凝土的干硬性和透水性。再如，在混凝土浇筑完成后的养护环节，应立即采取薄膜覆盖或洒水养护措施，洒水养护时应避免直接冲击混凝土表面，而是采用从上到下的淋洒方式，养护时间至少为 7 d。此外，施工时建议选择在早晨或傍晚进行，避开气温高的午后时段，以减少高温对混凝土性能的不利影响。在养护期内，还需对透水路面进行缩缝和胀缝的切割，以防止路面开裂，缩缝切割深度应为路面厚度的 1/3 到 1/2，而胀缝则应与路面厚度相同，施工缝可在施工过程中替代缩缝使用。

高钛重矿渣透水混凝土的应用技术在实际生产和应用中取得了显著成果，不仅在经济效益方面表现突出，带来了长期的环境保护效益。

9.1　直接经济效益

在上述具体工程案例中，该技术的应用和经济效益主要体现在以下几个方面。

首先，该工程总共使用了 21 m³ 面层透水混凝土和 134 m³ 底层透水混凝土。这种混凝土的使用显著提升了道路的透水性能，同时确保了混凝土结构的稳固和耐用性。在成本方面，混凝土的运费为 42 元 /m³，加工费为 60 元 /m³，总成本高达 15 810 元，而生产总值方面，每立方米混凝土能够创造 100 元的利润，总利润为 15 500 元。相比之下，普通混凝土的加工费则高达 170 ～ 300 元 /m³，显然其成本比重矿渣混凝土要高很多。

其次，传统混凝土路面和结构由于天气、交通负荷等因素，往往需要频繁维护和修复，这不仅耗费了大量的人力物力，还常常导致交通干扰和社会成本的增加。高强高透水重矿渣混凝土制品由于其高强度和耐用性，可以显著延长道路和基础设施的使用周期，减少维护频率，大幅降低了道路和基础设施的维护需求，从而为后期维护节省了大量的维护和修复成本。而且这种材料的耐用性意味着基础设施的使用寿命更长，这直接减少了总体资本开支。

最后，重矿渣是一种相对廉价的材料，利用工业废料重矿渣生产混凝土制品的做法还可以降低原材料成本，减少对更昂贵传统材料，如天然砂石的开采和依赖，降低废物处理的环境和经济负担。高强高透水重矿渣混凝土路面的透水特性有助于雨水的自然渗透和地下水的补给，通过促进水的自然循环，降低了对复杂和昂贵排水系统的需求，实现了对水资源的高效管理，降低了成本，即使是在暴雨和极端天气条件下，也能降低暴雨引发的洪水风险，从而减少了在洪水防治和应急响应上的投入。

9.2 节能效益

为了定量比较高强高透水重矿渣混凝土制品和普通混凝土制品的节能指标，需要分析两种制品在生产过程中的能耗及 CO_2 排放量。我国生产 1 t 水泥耗标准煤约 200 kg，耗电约 88 kW·h，产 88 kW·h 的电量则要耗标准煤 35 kg，也就是说，生产 1 t 水泥大约要消耗 235 kg 标准煤。普通混凝土是人们在建筑中常用的混凝土，集料为砂、石，表观密度为 1 950 ～ 2 500 kg/m³。重矿渣透水混凝土是由表面多孔、内部较为密实的集料制成的，表观密度大于 2 600 kg/m³。在生产这 1 t 水泥的过程中，其中生料煅烧石灰石分解 CO_2 约为 376.7 kg，熟料耗煤排放 CO_2 约 193 kg。一般 1 t 标准煤估计排放 CO_2 为 2.66～2.72 t，理论发电标准煤耗为 123 g/（kW·h）。

根据上述提供的参数，可以估算出每种材料的 CO_2 排放量，进而比较它们的环境影响。现假设：

（1）高强高透水重矿渣混凝土制品表观密度为 2 200 kg/m³，其中水泥占重矿渣透水混凝土质量的 15%，重矿渣粗细集料占重矿渣混凝土制品总质量的 62%，水及其他外加剂的能耗及 CO_2 排放量忽略不计。

（2）普通混凝土表观密度为 2 600 kg/m³，其中水泥占总质量的 15%，天然石材集料占混凝土制品总质量的 70%，水及其他外加剂的能耗及 CO_2 排放量忽略不计。

（3）生产 1 t 水泥需消耗 200 kg 标准煤，电耗 88 kW·h，排放 570 kg 的 CO_2。

（4）每吨标准煤排放 2.66 t 的 CO_2。

（5）每度电的煤耗为 123 g/（kW·h）。

根据上述内容计算生产 1 m³ 高强高透水重矿渣混凝土制品和普通混凝土分别需要消耗多少矿渣，需要多少水，需要多少煤，产生多少 CO_2。

为了计算生产 1 m³ 高强高透水重矿渣混凝土和普通混凝土所需的原材料、能耗以及产生的 CO_2 排放量，需要根据所提供的信息分步进行计算。

首先，计算每立方米高强高透水重矿渣混凝土所需的水泥、重矿渣的质量，并据此估算出它们的能耗和 CO_2 排放量。

①总质量：表观密度为 2 200 kg/m³，因此 1 m³ 高强高透水重矿渣混凝土的总质量为 2 200 kg。

②水泥质量：水泥占混凝土总质量的 15%，即 2 200×0.15=330（kg）。

③重矿渣粗细集料：粗细集料占混凝土总质量的 62%，即 2 200×0.62=1 364（kg）。

④水泥生产消耗和 CO_2 排放量：生产 1 t 水泥需消耗 200 kg 标准煤，电耗 88 kW·h，排放 570 kg 的 CO_2。现需水泥 330 kg，即需要 0.33×200=66（kg）

标准煤，电耗 $0.33 \times 88 = 29.04$（$kW \cdot h$），CO_2 排放量为 $0.33 \times 570 = 188.1$（kg）。

⑤标准煤 CO_2 排放量：每吨标准煤排放 2.66 t CO_2，66 kg 标准煤会排放 $0.066 \times 2.66 = 0.175\,6$（$t$）$CO_2$，即 175.6 kg CO_2。

⑥电耗 CO_2 排放：1 $kW \cdot h$ 的煤耗为 123 g/（$kW \cdot h$），产生 29.04 $kW \cdot h$ 的电需要消耗标准煤为 $29.04 \times 123 = 3\,571.9$（$g$），即 3.57 kg 标准煤，排放 CO_2 的量为 $0.003\,57 \times 2.66 = 0.009\,50$（$t$），即 9.5 kg。

其次，计算每立方米普通混凝土所需的水泥、重矿渣的质量，并据此估算出它们的能耗和 CO_2 排放量。

①总质量：表观密度为 2 600 kg/m^3，因此 1 m^3 的普通混凝土制品的总质量为 2 600 kg。

②水泥质量：水泥占混凝土总质量的 15%，即 $2\,600 \times 0.15 = 390$（kg）。

③天然石材集料：天然石材集料占混凝土总质量的 70%，即 $2\,600 \times 0.70 = 1\,820$（$kg$）。

④水泥生产消耗和 CO_2 排放量：生产 1 t 水泥需消耗 200 kg 标准煤，电耗 88 $kW \cdot h$，排放 570 kg 的 CO_2。现需水泥 390 kg，即需 $0.39 \times 200 = 78$（kg）标准煤，电耗 $0.39 \times 88 = 34.32$（$kW \cdot h$），CO_2 排放量为 $0.39 \times 570 = 222.3$（kg）。

⑤标准煤 CO_2 排放：每吨标准煤排放 2.66 t CO_2，78 kg 标准煤会排放 $0.078 \times 2.66 = 0.207\,5$（$t$）$CO_2$，即 207.5 kg CO_2。

⑥电耗 CO_2 排放：1 $kW \cdot h$ 的煤耗为 123 g/（$kW \cdot h$），产生 34.32 $kW \cdot h$ 的电需要消耗标准煤为 $34.32 \times 123 = 4\,221.36$（$g$），即 4.22 kg 标准煤，排放 CO_2 的量为 $0.004\,22 \times 2.66 = 0.011\,22$（$t$），即 11.22 kg。

现在，可以根据上述每个步骤的具体数值，计算生产 1 m^3 高强高透水重矿渣混凝土制品和普通混凝土制品所需的能耗和 CO_2 排放量。

根据计算结果，本书创建了一个生产 1 m^3 高强高透水重矿渣混凝土制品和普通混凝土制品的能耗参数对比表格，见表 9-1 所列。

表 9-1　高透水重矿渣混凝土制品和普通混凝土制品的能耗参数对比

项目	高强高透水重矿渣混凝土	普通混凝土
所需水泥量 /kg	330	390
所需集料量 /kg	1 364	1 820
标准煤消耗 /kg	66	78
电耗 /（kW·h）	29.04	34.32
水泥生产 CO_2 排放 /kg	188.1	222.3
标准煤 CO_2 排放 /kg	175.6	207.5
电耗对应的标准煤消耗 /kg	3.57	4.22
电耗 CO_2 排放 /kg	9.5	11.22
总 CO_2 排放（忽略其他过程的能耗及 CO_2 排放量）/kg	373.2	441.0

　　通过表 9-1 可以直观地发现制备两种混凝土制品在各个方面的差异，其中，高强高透水重矿渣混凝土制品通过减少水泥使用量和利用工业废弃物重矿渣，有效地降低了 CO_2 排放量，这不仅符合环保和可持续发展的要求，而且展现了该材料在建筑行业中的环境友好性，而且使用高强高透水重矿渣混凝土可以显著降低建筑项目的碳足迹，对于实现低碳建筑和推进海绵城市建设具有重要意义。

　　具体来讲，在混凝土生产过程中，传统混凝土所需的主要材料，如天然砂和石料，需要经过开采、破碎和处理等多个环节，这些环节都涉及显著的能源消耗，而重矿渣作为一种工业副产品，其在转化为混凝土材料的过程中相比传统混凝土材料的生产能耗较低，其利用价值的提升不需要额外的大规模能源投入，从而在整体上减少了混凝土生产的能耗，这种节能效益不仅有助于降低生产成本，而且对减少工业生产过程中的碳排放具有重要意义。在原材料运输方面，传统混凝土所需材料通常需要从不同地区运输到生产地点，特别是在资源较为匮乏的地区，这种运输过程会导致显著的能源消耗和碳排放，而使用本地重矿渣作为原材料，可以大幅降低这部分能源消耗，减少对环境的影响，更重要的是能够减少运输距离和频率，有助于降低物流成本，从而可以为制造商和消费者节约成本。

9.3 社 会 效 益

高强高透水重矿渣混凝土制品的推广实施对于实现城市的可持续发展具有重大的社会效益，其贡献主要体现在几个关键方面，包括促进环境保护、调节城市气候以及提高居民生活质量。

9.3.1 促进环境保护

高强高透水重矿渣混凝土的应用能有效吸收和渗透雨水，显著减少了雨水的地表径流，减轻了城市排水系统的压力，降低了城市洪水风险，这对于极端天气和暴雨频发的地区尤其重要，它能有效减少洪水造成的破坏和损失。而且，这种材料通过促进雨水的自然渗透，有助于地下水的补给，改善城市地下水位，对生态系统和水资源的可持续管理具有重要意义。高强高透水重矿渣混凝土的应用除了减少了资源的消耗和废弃物的产生以及建筑材料更为环保之外，还因较长的耐用性减少了长期维护和频繁更换的需求，延长了城市基础设施的寿命，降低了建筑材料的总体环境影响，对于推动可持续城市建设具有重要的意义。高强高透水重矿渣混凝土的应用在促进可持续城市发展方面发挥着重要作用，这不仅体现在上述建筑节能环保性能上，还体现在对城市环境和社会意识的积极影响上。高强高透水重矿渣混凝土的应用具有示范效应，在环境教育和意识提升方面，有着不可忽视的重要作用，它不仅是环保和可持续发展理念的具体实践，还是一种向公众传递环境保护和资源循环利用重要性的方式。通过这种材料的应用，公众可以直观地看到循环经济和可持续发展理念的实际效果，从而提高对环境保护的认识和参与度。随着这种材料的应用日益普及，它可能会促使政府和决策者更加倾向于制定和执行支持循环经济和可持续建筑材料的政策和标准。这不仅有助于推广高强高透水重矿渣混凝土等环保建材的使用，也为其他可持续材料的开发和应用创造了有利的政策环境。

9.3.2　调节城市气候

高强高透水重矿渣混凝土在调节城市气候方面起到了重要的作用，尤其是在缓解城市热岛效应和改善城市环境质量方面表现突出。在夏季，城市中大量的不透水表面，如混凝土和沥青路面，会导致地表温度升高，进而引发城市热岛效应，而用高强高透水重矿渣混凝土铺设的透水路面因混凝土的透水性质使其在降低路面积水的同时，有助于减缓地表温度的上升。具体而言，这种透水混凝土材料允许水分渗透并在地下形成水蒸气，有助于调节地面温度，降低周围环境的温度，这种温度调节作用在城市中心区域尤为重要，有助于提升城市的整体环境质量，因为这些中心区域往往建筑密集、绿地少，更容易形成热岛效应。此外，高强高透水重矿渣混凝土的使用还有助于改善城市的湿度条件。在雨季，这种材料能够快速排走雨水，减少水的积聚，同时通过水分的自然渗透和蒸发，帮助维持周围环境的湿度平衡，这种湿度调节作用对于缓解城市中的干燥问题和提高空气质量同样重要。除了直接的气候调节作用外，高强高透水重矿渣混凝土还通过降低建筑物内部的温度，从而减少空调的使用频率和强度，这对降低能源消耗和减少温室气体排放具有重要意义。

9.3.3　提高居民生活质量

高强高透水重矿渣混凝土的应用对提升居民的生活质量和满意度具有显著的影响。这种材料通过其独有的特性，为城市居民创造了一个更加安全、宜人与和谐的生活环境。例如，传统混凝土路面在雨季很容易形成积水，加大行人和行车的难度，而高强高透水重矿渣混凝土路面可以在雨季减少路面积水和泥泞，不仅给行人带来了方便，还降低了交通事故发生的风险。又如，传统的混凝土路面需要频繁维护和更换，这不仅会耗费大量的公共资源，还会对城市生活造成干扰，而高强高透水重矿渣混凝土路面的长期耐用性在提高道路的使用寿命和减少维护成本方面则发挥了显著的优势。相比之下，高强高透水重矿渣混凝土的耐用性降低了长期的维护需求，为城市节约了大量的维护费用和资源，同时减少了因道路维修带来的交通干扰。从更广泛的社会角度来看，高强高透水重矿渣混凝土的应用还促进了人与自然、人与环境的和谐共处，通过更加环保、持久和舒适的城市基础设施，提升了城市的整体面貌，提高了城市居民的生活质量。

参 考 文 献

[1] 冶金工业部建筑研究院，第一冶金建设公司技术处．高炉重矿渣应用 [M]．北京：中国建筑工业出版社，1978.

[2] 中华人民共和国冶金工业部．高炉重矿渣应用暂行技术规程 [M]．北京：冶金工业出版社，1975.

[3] 冶金工业部建筑研究院．高炉矿渣在建筑中的应用 [M]．北京：中国工业出版社，1964.

[4] 郭晓潞，徐玲琳，吴凯．水泥基材料结构与性能 [M]．北京：中国建材工业出版社，2020.

[5] 中国建材检验认证集团股份有限公司，国家水泥质量监督检验中心．水泥化学分析检验技术 [M]．北京：中国建材工业出版社，2018.

[6] 李娟娟，汤伟，王云江．海绵城市 [M]．北京：中国建材工业出版社，2020.

[7] 朱亚楠．城市规划设计与海绵城市建设研究 [M]．北京：北京工业大学出版社，2022.

[8] 上海市政工程设计研究总院（集团）有限公司．海绵城市建设技术标准 [M]．上海：同济大学出版社，2019.

[9] 许浩．生态中国：海绵城市设计 [M]．沈阳：辽宁科学技术出版社，2019.

[10] 全红．海绵城市建设与雨水资源综合利用 [M]．重庆：重庆大学出版社，2020.

[11] 于开红.海绵城市建设与水环境治理研究 [M].成都：四川大学出版社，2020.

[12] 住房和城乡建设部标准定额研究所，上海市政工程设计研究总院（集团）有限公司.城市公共设施造价指标案例：海绵城市建设工程 [M].北京：中国计划出版社，2021.

[13] 陈晓霞，张健康，张玲.海绵城市矿渣透水砖力学性能与透水性的试验研究 [J].新型建筑材料，2018，45（12）：94-96.

[14] 郑克勤，徐雷.利用重矿渣制造透水砖的生产实践 [J].建材与装饰，2016（42）：105-106.

[15] 饶玲丽.粉煤灰理化性质分析及粉煤灰透水砖的制备研究 [D].贵阳：贵州大学，2006.

[16] 唐涛.全重矿渣集料水泥基透水砖的开发与应用 [D].武汉：湖北大学，2018.

[17] 李国昌，王萍.镍铁矿渣透水砖的制备及性能研究 [J].矿产综合利用，2018（2）：97-100，134.

[18] 张冰，周紫晨，曾明.重矿渣－砂基复合透水路面砖的研究及制造 [J].建材世界，2018，39（6）：21-24.

[19] 晏拥华，陈彦翠.水钢高炉重矿渣的应用研究 [J].墙材革新与建筑节能，2012（2）：28-31.

[20] 张国俊，邓建平，白辉.安钢高炉重矿渣替代碎石做砼骨料试验研究 [J].河南冶金，2002（2）：20-23.

[21] 王旺兴，苏国臻.利用重矿渣制造建筑用砂的研究 [J].建材技术与应用，2002（6）：11-12.

[22] 张辉，陈世忠.高炉重矿渣替代天然砂、石配制预拌混凝土的施工技术 [J].建筑技术开发，2011，38（12）：17，33.

[23] MANSO J M, LOSAÑEZ M, POLANCO J A, et al. Ladle furnace slag in construction[J]. Journal of Materials in Civil Engineering, 2005, 17（5）：

513−518.

[24] YANG K H, MUN J H, SIM J I, et al. Effect of water content on the properties of lightweight alkali−activated slag concrete[J]. Journal of materials in civil engineering, 2011, 23（6）: 886−894.

[25] IDORN G M, ROY D M. Factors affecting the durability of concrete and the benefits of using blast−furnace slag cement[J]. Cement, Concrete and Aggregates, 1984, 6（1）: 3−10.

[26] JUAN M M, MILAGROS L, JUAN A P, et al. Ladle furnace slag in construction[J]. Journal of Materials in Civil Engineering, 2005, 17（5）: 513−518.

[27] CHANDRAPPA A K, BILIGIRI K P. Investigations on pervious concrete properties using ultrasonic wave applications[J]. Journal of Testing and Evaluation, 2016, 45（5）: 20160117.

[28] 汪德. 钢渣透水混凝土制品性能研究及生产应用 [D]. 西安: 西安建筑科技大学, 2018.

[29] 何小龙. 全高钛矿渣混凝土的研究与应用 [D]. 重庆: 重庆大学, 2006.

[30] 范一坤. 利用矿渣制备生态透水砖的试验研究 [D]. 张家口: 河北建筑工程学院, 2018.

[31] 史军辉. 透水砖的制作及其生态渗地面系统设计 [D]. 淮南: 安徽理工大学, 2017.

[32] 刘富业. 利用建筑垃圾制作生态透水砖研究 [D]. 广州: 广东工业大学, 2012.

[33] 张巨松, 张添华, 宋东升, 等. 影响透水混凝土强度的因素探讨 [J]. 沈阳建筑大学学报（自然科学版）, 2006（5）: 759−763.

[34] 李彦坤, 胡晓波, 陈清己, 等. 球模型包裹法设计透水混凝土配合比 [J]. 混凝土, 2008（9）: 29−32.

[35] 李斌. 透水混凝土成型方法的研究 [J]. 山西建筑, 2016, 42（24）: 114−115.

[36] 吴冬，刘霞，吴小强，等.成型方式和砂率对透水混凝土性能的影响 [J].混凝土，2009（5）：100-102.

[37] 宋慧，徐多，向君正，等.骨料及水灰比对透水混凝土性能的影响 [J].水利水电技术，2019，50（9）：18-25.

[38] 管丽佩，闻洋，韩正伟.矿渣混凝土与普通混凝土力学性能对比试验研究 [J].混凝土，2016（12）：79-82，89.

[39] 宋金平，徐庆，蔡世桐，等.浅谈重矿渣在国内外的研究应用现状 [J].建材发展导向，2016，14（24）：69-71.

[40] 陈楚鹏，王啸萍，刘青.矿渣混凝土之孔隙与强度试验研究 [J].北方交通，2015（9）：55-57，61

[41] 崔凯，徐礼华，池寅.钢－聚丙烯混杂纤维混凝土等幅受压疲劳变形 [J].建筑材料学报，2023，26（7）：755-761.

[42] 方从启，董文燕，薛文韬，等.玄武岩纤维增强透水混凝土性能研究 [J].混凝土，2020（10）：94-97.

[43] 丁楚志，高小华，李纲，等.桥梁伸缩缝高性能混凝土抗冲击性能研究 [J].中外公路，2022，42（5）：110-114.

[44] 张志明，王高峰，许建雄，等.高炉重矿渣水泥稳定基层混合料性能研究 [J].建材世界，2024，45（2）：22-25，50.

[45] 杨腾宇，舒本安，邱文俊，等.内养护集料、减缩剂与膨胀剂协同提升 UHPC 材料体积稳定性 [J].混凝土，2023（12）：120-125.

[46] 吴伟豪，龚金华，李进辉，等.不同纤维对防辐射超高性能混凝土抗冲击性能的影响 [J].新型建筑材料，2023，50（7）：66-71.

[47] 丁庆军，龚金华，周鹏.碳化硼对超高性能混凝土准静态力学性能的影响分析 [J].混凝土，2023（5）：1-4.

[48] 龚厚松，孙金坤，汪小平，等.高钛渣掺量变化对混凝土性能的影响研究 [J].四川水泥，2023（4）：17-19，22.

[49] 杨贺，陈伟，马双狮，等.高钛重矿渣隧道喷射混凝土力学性能试验研究 [J].

钢铁钒钛，2023，44（3）：118–122.

[50] 崔冰封，郭丽萍，郑克勤，等.全集料重矿渣高性能透水砖的研究与实践 [J].
砖瓦，2023（3）：38–42.

[51] 陈超，张恒.高钛重矿渣砂对超高性能混凝土（UHPC）性能的影响 [J].混
凝土与水泥制品，2023（1）：74–78，83.

[52] 程娟.生态透水铺装技术在海绵城市建设中的应用 [M].南京：东南大学出
版社，2021.

[53] 张晓华.宁夏地区再生粗骨料混凝土物理力学性能研究 [M].银川：宁夏人
民出版社，2017.

[54] 陈守开.再生骨料透水混凝土关键性能研究 [M].北京:中国水利水电出版社，
2022.

[55] 单景松，吴淑印，徐龙彬，等.海绵城市透水混凝土铺装材料性能评价与
设计 [M].北京：中国建筑工业出版社，2021.

[56] 张炯.海绵城市透水混凝土应用技术 [M].北京：中国水利水电出版社，
2019.

[57] 宋中南，石云兴.透水混凝土及其应用技术 [M].北京：中国建筑工业出版社，
2011.

[58] 李蒲健，陈徐东，苏锋，等.再生骨料多孔混凝土在海绵城市透水铺装及
生态护坡中的应用基础研究 [M].北京：中国水利水电出版社，2021.

[59] 杨文栋，孙成刚.纤维增强再生骨料混凝土的力学与耐久性能研究现状 [J].
合成材料老化与应用，2023，52（5）：133–135

[60] 倪坤，廖述聪，王梦宇，等.粉煤灰 – 矿渣超细复合粉对混凝土耐久性的
影响 [J].建筑技术，2023，54（19）：2324–2327.

[61] 陈鹏博，李北星，曾波.再生粗骨料粒径对混凝土力学和耐久性能的影响 [J].
硅酸盐通报，2023，42（10）：3679–3687，3694.

[62] 吴中伟，廉慧珍.高性能混凝土 [M].北京：中国铁道出版社，1999.

[63] 史文洁，张晓华，杨童鑫，等.再生粗细骨料双掺对混凝土耐久性能的影

响研究 [J]. 四川水泥，2023（9）：8-10.

[64] 王安辉,吴敏,张艳芳,等.透水混凝土抗硫酸盐侵蚀与抗冻性能研究进展[J].市政技术，2023，41（9）：26-32，38.

[65] 陈尚鸿,林佳福,杨政险,等.钢渣-矿渣透水混凝土力学性能的试验研究[J].硅酸盐通报，2023，42（5）：1767-1777.

[66] 娄元涛，周文.高钛重矿渣透水混凝土性能影响因素探析 [J]. 居舍，2020（28）：30-31.

[67] 郭晓烨.矿渣微粉在水泥混凝土中的应用 [J].建材与装饰，2018（9）：181.

[68] 肖荣照.粉煤灰、矿粉对自密实混凝土硬化性能及耐久性能的影响 [J]. 江苏建材，2023（5）：38-41.

[69] 马百顺，刘秋常，赵延超，等.再生及天然骨料透水混凝土耐磨性能试验研究 [J]. 人民珠江，2018，39（1）：67-70.

[70] 王钢.透水混凝土抗冻耐久性研究 [D]. 重庆：重庆交通大学，2020.

[71] 杨锋.利用固废材料制备透水混凝土及其性能影响因素研究 [D]. 南京：东南大学，2020.

[72] FERIĆ KAJO, KUMAR V S, ROMIĆ A，et al. Effect of aggregate size and compaction on the strength and hydraulic properties of pervious concrete[J]. Sustainability，2023，15（2）：1146.

[73] CLAUDINO G O, RODRIGUES G G O, ROHDEN A B，et al. Mix design for pervious concrete based on the optimization of cement paste and granular skeleton to balance mechanical strength and permeability[J]. Construction and Building Materials，2022，347：128620.

[74] FRANÇA A M D, COSTA F B P D. Evaluating the effect of recycled concrete aggregate and sand in pervious concrete paving blocks[J]. Road Materials and Pavement Design，2023，24（2）：560-577.

[75] HUNG V V, SEO S Y, KIM H W，et al. Permeability and strength of pervious

concrete according to aggregate size and blocking material[J]. Sustainability，2021，13（1）：426.

[76] 邓显石，阳芳 . 透水混凝土的应用现状研究 [J]. 四川建材，2020，46（11）：1-2.

[77] 谭燕，谭源，肖衡林，等 . 透水混凝土强度试验研究 [J]. 混凝土，2020（5）：126-128，135.

[78] 黄显全，刘卫东，熊剑平，等 . 透水混凝土搅拌与成型方式研究进展 [J]. 公路，2021，66（4）：11-17.

[79] 黄志伟，薛志龙，郭磊，等 . 骨料级配对再生透水混凝土性能的影响 [J]. 人民黄河，2021，43（4）：147-150，154.

[80] 任丽洁，刘红飞，于新杰，等 . 透水混凝土现状及发展综述 [J]. 江西建材，2021（9）：19-20.

[81] 李存文，李宁，闫少栋，等 . 高强度透水混凝土制备综述 [J]. 混凝土世界，2021（12）：74-77.

[82] 孙建国，陈玉洁，王秋云，等 . 浅谈高炉矿渣用于沥青混凝土路面面层的应用探索 [J]. 居业，2019（5）：128，131.

[83] 李圣彬 . 矿渣混凝土动态力学性能试验研究 [D]. 衡阳：南华大学，2020.

[84] KARAWI R J A L. Tensile strength of pervious concrete with different mix proportions[J] Journal of Physics：Conference Series，2021，1895（1）：012010.

[85] 张子建，张天，杨成国，等 . 工程纤维混凝土复合材料耐久性试验分析 [J]. 合成材料老化与应用，2022，51（5）：106-108.

[86] 刘雪敏 . 透水混凝土技术在城市道路中的应用：评《海绵城市透水混凝土应用技术》[J]. 混凝土与水泥制品，2020（5）：104-105.

[87] 王维舟 . 玄武岩纤维透水混凝土路用性能试验研究 [D]. 长春：长春工程学院，2020.

[88] 陈晋栋，王武祥，张磊蕾，等 . 透水混凝土透水系数试验方法的影响因素 [J].

科学技术与工程，2018，18（16）：251-255.

[89] VARGHESE A. Effect of diameter of reinforced bar in various fiber reinforced concretes[J]. International Journal of Innovative Technology and Exploring Engineering，2021，8（8）：2847-2852.

[90] AMINI F，BAFGHI M A B，SAFAYENIKOO H，et al. Strength of different fiber reinforced concrete in marine enviro nment[J]. Materials Science，2018，24（2）：204-211.

[91] ZHU H T，WEN C，WANG Z，et al. Study on the permeabiliy of recycled aggregate pervious concrete with fibers[J]. Materials，2020，13（2）：321.

[92] 侯永强，尹升华，赵国亮，等. 聚丙烯增强尾砂胶结充填体力学及流动性能研究 [J]. 材料导报，2021，35（19）：19030-19035.

[93] 卢浩，晏长根，贾卓龙，等. 聚丙烯纤维加筋黄土的抗剪强度和崩解特性 [J]. 交通运输工程学报，2021，21（2）：82-92.

[94] 陆京海，孔庆华，于怀远，等. 压应力下的聚丙烯纤维混凝土抗冻性能试验研究 [J]. 合成材料老化与应用，2022，51（5）：97-100.

[95] 杨海峰，杨超，蒋毅，等. 钢纤维混凝土压-剪复合性能及损伤本构关系 [J]. 工程力学，2023（4）：144-151.

[96] 薛文韬. 玄武岩纤维透水混凝土性能试验研究 [D]. 上海：上海交通大学，2018.

[97] 鞠森森，柳雪丽，魏薇. 钢纤维锈蚀影响下桥梁混凝土的力学性能分析 [J]. 粉煤灰综合利用，2022，36（5）：82-86.

[98] 李秋实，何东坡. 天然与再生集料透水混凝土对比试验 [J]. 北京工业大学学报，2015，41（1）：89-94.

[99] UTOMO A B，HIDAYATININGRUM L F，DHANARDONO B. Applicatio n of porous concrete to resolveflood on the roads[J].IOP Conference Series：Earth and Enviro nmental Science，2021，708（1）：012037.

[100] CHINDAPRASIRT P，HATANAKA S，CHAREERAT T，et al. Cement paste

characteristics an d porous concrete properties[J].Construction and Building materials，2008，22（5）：894-901.

[101] 杨志胡.海绵城市中透水材料综述 [J].广东建材，2022，38（11）：92-94.

[102] HUANG J L，LUO Z B，KHAN M B E. Impact of aggregate type and size and mineral admixtures on the properties of pervious concrete：an experimental investigation[J].Construction and Building Materials，2020，265：120759.

[103] CHEN X D，WANG H，HUSAM N，et al. Evaluating engineering properties and enviro nmental impact of pervious concrete with fly ash and slag[J]. Journal of Cleaner Production，2019，237：117714.

[104] 谢沛蓉.不同矿物掺和料对透水混凝土性能的影响分析 [J].西部交通科技，2022（12）：46-49.

[105] 叶穆平，李威，原宝盛.硅灰透水混凝土强度性能和冻融耐久性试验研究 [J].西部交通科技，2021（8）：54-56，140.

[106] 李峰，黄志强，王耀强，等.聚合物对透水混凝土性能的影响研究进展 [J].混凝土，2024（1）：45-49.

[107] 陈晓辉.水灰比与浆体厚度对透水混凝土性能的影响研究 [J].江西建材，2023（12）：101-103.

[108] 郭继东.基于正交试验的透水混凝土强度和透水性影响研究 [J].工程技术研究，2023，8（20）：99-103.

[109] 黄志强，李峰，王耀强，等.基于响应面法的透水混凝土配合比优化设计 [J].沈阳工业大学学报，2023，45（5）：587-593.

[110] 郑帅，单景松，韩伟威，等.考虑孔隙结构特征的透水混凝土力学性能仿真研究 [J].中外公路，2023，43（4）：236-242.

[111] 刘邦莉，陈代果，杨炯，等.砂率及外掺料对透水混凝土基本性能的影响研究 [J].施工技术（中英文），2023，52（15）：54-59.

[112] 万书金，李峰，郭振东，等.水灰比和骨料级配对透水混凝土性能影响的试验研究 [J].混凝土，2023（7）：188-192.

[113] 刘沛，姚素玲，董宪姝，等.矿物掺和料透水混凝土微观结构及性能分析 [J].硅酸盐通报，2023，42（7）：2504-2512.

[114] 李俊，杨建永，娄建新，等.超细粉煤灰和偏高岭土改性水泥基透水混凝土性能研究 [J].混凝土，2023（5）：175-179.

[115] 程军旺，黄涛，杨建永.透水混凝土抗压强度预测的灰色系统模型 [J].混凝土，2023（3）：54-58.

[116] 陈守开，陈家林，汪伦焰，等.再生骨料透水混凝土关键性能统计及预测分析 [J].建筑材料学报，2019（2）：214-221.

[117] 李崇智，任强伟，孙箫然，等.C40 透水混凝土配合比设计及性能研究 [J].材料导报，2022，36（增刊2）：209-213.

[118] 杨海浪，许文彬，吴友杰，等.净水型再生骨料透水混凝土的制备及性能研究 [J].中国农村水利水电，2023（9）：183-190.

[119] 毛明杰，朱海峰，马也，等.透水混凝土的制备方式及其关于骨料的性能研究 [J].建筑结构，2022，52（增刊2）：1081-1086.